职业安全与健康防护科普丛书

矿山行业
人员篇

指导单位　国家卫生健康委职业健康司 应急管理部宣传教育中心
组织编写　新乡医学院 中国职业安全健康协会

总主编◎任文杰
顾　问◎张铁岗
主　编◎任文杰　姚三巧
副主编◎李硕彦　高景利　赵瑞峰　涂学亮

编　者（按姓氏笔画排序）
丁春节　王　正　王永斌　王汝柱　王国胜　王爱田　王培山
王聚涛　孔令文　孔瑞峰　田林强　冯少彬　任文杰　任克朝
刘　涛　刘万周　刘晋豫　闫逢杰　关　毅　孙蕴哲　李　宁
李凤琴　李建波　李晓岚　李海学　李海斌　李硕彦　杨云飞
张　亮　张　磊　张　淼　周　强　赵广志　赵华灵　赵英政
赵瑞峰　洪　珊　姚三巧　晋记龙　徐　杰　高景利　涂学亮
常美玉　崔少波　董新文　温英武　窦启锋　阚　桐

人民卫生出版社
·北京·

图书在版编目（CIP）数据

职业安全与健康防护科普丛书.矿山行业人员篇/
任文杰，姚三巧主编.—北京：人民卫生出版社，
2022.9

　　ISBN 978-7-117-33526-3

Ⅰ.①职…　Ⅱ.①任…②姚…　Ⅲ.①矿工－劳动保
护－基本知识－中国②矿工－劳动卫生－基本知识－中国
Ⅳ.①X9②R13

中国版本图书馆 CIP 数据核字（2022）第 160753 号

| 人卫智网 | www.ipmph.com | 医学教育、学术、考试、健康，购书智慧智能综合服务平台 |
| 人卫官网 | www.pmph.com | 人卫官方资讯发布平台 |

职业安全与健康防护科普丛书——矿山行业人员篇
Zhiye Anquan yu Jiankang Fanghu Kepu Congshu
——Kuangshan Hangye Renyuan Pian

主　　编：任文杰　姚三巧
出版发行：人民卫生出版社（中继线 010-59780011）
地　　址：北京市朝阳区潘家园南里 19 号
邮　　编：100021
E - mail：pmph @ pmph.com
购书热线：010-59787592　010-59787584　010-65264830
印　　刷：北京盛通印刷股份有限公司
经　　销：新华书店
开　　本：710×1000　1/16　　印张：18
字　　数：226 千字
版　　次：2022 年 9 月第 1 版
印　　次：2023 年 1 月第 1 次印刷
标准书号：ISBN 978-7-117-33526-3
定　　价：69.00 元

打击盗版举报电话：010-59787491　E-mail：WQ @ pmph.com
质量问题联系电话：010-59787234　E-mail：zhiliang @ pmph.com
数字融合服务电话：4001118166　　E-mail：zengzhi @ pmph.com

《职业安全与健康防护科普丛书》

指导委员会

主 任

王德学　教授级高级工程师，中国职业安全健康协会

副主任

范维澄　院士，清华大学

袁 亮　院士，安徽理工大学

武 强　院士，中国矿业大学（北京）

郑静晨　院士，中国人民解放军总医院

委 员

吴宗之　研究员，国家卫健委职业健康司

赵苏启　教授级高工，国家矿山安全监察局事故调查和统计司

李 峰　教授级高工，国家矿山安全监察局非煤矿山安全监察司

何国家　教授级高工，国家应急管理部宣教中心

马 骏　主任医师，中国职业安全健康协会

《职业安全与健康防护科普丛书》

编写委员会

总 主 编 任文杰

副总主编（按姓氏笔画排序）

王如刚　吴　迪　邹云锋　张　涛　洪广亮

姚三巧　曹春霞　韩　伟　焦　玲　樊毫军

编　委（按姓氏笔画排序）

丁　凡　王　剑　王　致　牛东升　付少波

兰　超　任厚丞　严　明　李　琴　李硕彦

杨建中　张　蛟　周启甫　赵广志　赵瑞峰

侯兴汉　姜恩海　袁　龙　徐　军　徐晓燕

高景利　涂学亮　黄世文　黄敏强　彭　阳

董定龙

总序

近年来国家出台、修订了《中华人民共和国安全生产法》《中华人民共和国职业病防治法》等一系列的法律法规，为职业场所工作人员筑起一道道的"防火墙"，彰显了党和政府对劳动者安全和健康的高度重视。随着这些法律法规的贯彻落实，我国的职业安全健康工作逐渐呈现出规范化、制度化和科学化。

职业健康危害是人类社会面临的一个既古老又现代的课题。一方面，由于产业工人文化程度较低，对职业安全隐患及健康危害因素的防范意识较差，缺乏职业危害及安全隐患的基本知识和防范技能，劳动者的职业安全与健康问题十分突出；另一方面，伴随工业化、现代化和城市化的快速发展，各类灾害事故，特别是职业场所事故灾难呈多发频发趋势，严重威胁着职业场所劳动者的健康。因此，亟须出版一套适合各行业从业人员的职业安全与健康防护的科普书籍，用来指导产业工人掌握职业安全与健康防护的知识、技能，学会辨识危险源，掌握自救互救技能。这对保护广大劳动者身心健康具有重要的指导意义。

本丛书由领域内专家学者和企业技术人员共同编写而成。编写人员分布在涉及职业安全与健康的各行业，均为长期从事职业安全和职业健康工作的业务骨干。丛书编写以全民健康、创造安全健康职业环境为目标，紧密结合行业的生产工艺流程、职业安全隐患及职业危害的特征，同时兼顾职业场所突发自然灾害和事故灾难情境下的应急处置，丛书的编写填补了业界空白，也阐述了科普对职业健康的重要性。

本丛书根据行业、职业特点，全方位、多因素、全生命周期地考虑职业人群的健康问题，总主编为新乡医学院任文杰校长。本套丛书分为八个分册，分册一为消防行业人员篇，由应急总医院张涛、上海消防医院吴迪主编；分册二为矿山行业人员篇，由新乡医学院任文杰、姚三巧主编；分册三为建筑行业人员篇，由深圳大学总医院韩伟主编；分册四为电力行业人员篇，由天津大学樊毫军、曹春霞主编；分册五为石化行业人员篇，由北京市疾病预防控制中心王如刚主编；分册六为放射行业人员篇，由中国医学科学院放射医学研究所焦玲主编；分册七为生物行业人员篇，由广西医科大学邹云锋主编；分册八为交通运输业人员篇，由温州医科大学洪广亮主编。

本丛书尽可能地面向全部职业场所人群，力求符合各行各业读者的需求，集科学性、实用性和可读性于一体，相信本丛书的出版将助力为广大劳动者撑起健康"保护伞"。

清华大学

2022 年 8 月

前言

　　《"健康中国 2030"规划纲要》对健康提出了更高要求，《健康中国行动（2019—2030 年）》指出要形成有利于健康的生活方式、生态环境和社会环境，促进以治病为中心向以健康为中心转变，提高人民健康水平。要把提升健康素养作为增进全民健康的前提，根据不同人群特点有针对性地加强健康教育与促进，让健康知识、行为和技能成为全民普遍具备的素质和能力，实现健康素养人人有。

　　煤炭工业是关系国家经济命脉和能源安全的重要基础产业，非煤矿山是为国民经济增长、人民生活改善和社会文明发展提供原材料作为物质基础的支柱产业。在矿区范围内从事矿产资源勘探和矿山建设、生产、闭坑及有关活动中不可避免会产生各种职业危害，包括生产性粉尘、毒物、高温、噪声、电离辐射等和各种安全隐患，包括瓦斯爆炸、煤尘爆炸、煤与瓦斯突出、冒顶、片帮、冲击地压、火灾等。如何提高矿山从业人员的健康水平，适应新时代矿山采选工作的需求，亟须给矿工提供一套矿山危害和安全隐患防护知识与技能的科普书。

　　本书结合大量插图和图片，介绍了矿山行业职业危害因素、安全隐患及突发事故的种类、职业伤害急救、矿山突发意外和事故的自救互救、矿山危害防护措施、矿山事故救援举例六个方面的基础知识和技能，以便广大矿山从业人员能够通过自学和培训，掌握矿山行业职业危害和矿难事故的防护知识与技能，预防职业危害和矿难事故对矿工生命和健康的威胁，减少人民群众生命财产损失。

编者

2022 年 2 月

目录

第一章
矿山行业潜在的职业危害因素

第二章

矿山行业存在的突发事故

第五章

矿山职业安全与健康防护措施

第六章

典型事故案例分析与防范

第一章

矿山行业潜在的职业危害因素

职业性有害因素的正确识别是矿山行业有害因素评价、预测、控制的基础。由于不同矿山行业地质因素、生产工艺的差别，从业人员所接触的职业性有害因素各异。只有掌握各行业企业的职业卫生特点，才能正确识别职业性有害因素，进一步采取适宜的防制技术有效防范职业安全事故及职业病的发生。

第一节　生产性粉尘

一、概述

生产性粉尘（industrial dust）是指生产过程中形成的，并能长时间悬浮在空气中的固体微粒。

（一）粉尘分类

1. **煤矿粉尘**　包括煤矿的矽尘、煤尘和煤矽混合尘。
2. **非煤矿山粉尘**　包括有色金属、黑色金属和非金属粉尘。

（二）粉尘的理化性质及卫生学意义

根据生产性粉尘来源、分类及其理化特性可初步判断其对人体的危害性质和程度。从卫生学角度出发，主要应考虑的粉尘理化特性见表 1-1-1。

表 1-1-1　粉尘的理化性质及卫生学意义

粉尘属性	卫生学意义
化学成分	不同化学成分的粉尘可导致纤维化、刺激、中毒和致敏作用等。如二氧化硅粉尘致纤维化；铅及其化合物粉尘通过肺组织吸收，引起中毒；铍、铝等粉尘可导致过敏性哮喘或肺炎
浓度	同一种粉尘，工作场所空气中粉尘的浓度越高，接触时间越长，对人体危害越严重
分散度	粉尘的分散度是指粉尘整体组成中各种粒径的尘粒所占的百分比，分散度愈高，其表面积愈大，生物活性愈高，对机体危害则愈大。吸入性粉尘：直径 <15μm 的尘粒可进入呼吸道，直径 10 ~ 15μm 的粉尘主要沉积于上呼吸道，直径 <5μm 的尘粒可达呼吸道深部和肺泡
硬度	不同硬度的粉尘可引起呼吸道黏膜机械损伤、支气管炎及气管炎。粒径较大、外形不规则、坚硬的尘粒可能引起呼吸道黏膜机械损伤；柔软的长纤维状有机粉尘，易沉着于气管、大中支气管的黏膜上，引发支气管炎及气管炎
溶解度	粉尘溶解度大小对人体危害程度因粉尘性质不同而各异：难溶性粉尘可引起气管炎和肺组织纤维化等；可溶性粉尘可通过汗腺、皮脂腺等进入人体产生中毒反应。
荷电性	物质在粉碎过程和流动中相互摩擦或吸附空气中离子而带电，荷电尘粒在呼吸道内容易被滞留。尘粒的荷电量除取决于其粒径大小、比重外，还与作业环境温度和湿度有关

续表

粉尘属性	卫生学意义
爆炸性	可氧化的粉尘在适宜的浓度下一旦遇到明火、电火花和放电时，可发生爆炸。如煤尘的爆炸极限为 $35g/m^3$，面粉、铝、硫黄为 $7g/m^3$，糖 $10.3g/m^3$ 可引起爆炸
放射性	粉尘含有或吸附放射性核素而具有电离辐射性能，凡由其照射于人体所致的一切不良效应，统称粉尘放射性对人体的危害。碱土元素多转移至骨骼，稀土元素多转移至肝脏，放射性碘多蓄积于甲状腺

二、粉尘的来源

（一）煤矿粉尘

1. **来源**　在煤矿生产和建设过程中所产生的各种岩矿微粒统称为煤矿粉尘，其主要成分是岩尘和煤尘，它是在矿井生产如钻眼、爆破、切割、装载、落煤及运输和提升过程中，因煤岩被破碎而产生的。

采煤工作面的主要产尘工序有打眼、采煤机落煤、装煤、运煤、液压支架移架、运输转载、人工攉煤、爆破及放煤口放煤等。摩擦和抛落是主要产生粉尘机制。摩擦产生的粉尘主要以大颗粒粉尘较多，抛落产生的呼吸性粉尘较多，而产生的呼吸性粉尘较多来自采煤机截煤摩擦。

掘进工作面的产尘工序主要有机械破岩（煤）、装岩、爆破、煤矸运输转载及锚喷等。各生产流程所产生的粉尘主要成分为游离二氧化硅，作业人员很容易直接接触粉尘，所以有必要进行个体防护。

矿下巷道维修的锚喷现场、煤炭的装卸点等也都存在高浓度的

矿尘，尤其是在煤炭运输装卸处的瞬时矿尘浓度，有时甚至达到煤尘爆炸浓度界限，十分危险，应予以充分重视。

2. 理化性质 煤矿粉尘按其游离二氧化硅的含量分为矽尘与煤尘。不同的矿井由于煤、岩地质条件、物理性质、采掘方法、作业方式、通风状况和机械化程度的不同，粉尘的生成量有很大的差异。即使在同一矿井里，粉尘也有不同的变化。一般来说，在现有防尘技术措施的条件下，各生产环节产生的浮游粉尘比例大致为：采煤工作面产尘量占 45% ～ 80%；掘进工作面产尘量占 20% ～ 38%；锚喷作业点产尘量占 5% ～ 10%；其他作业点占 2% ～ 5%，各作业点随机械化程度的提高，矿尘的生成量也将增大。

根据粉尘粒径可分为粗尘（粒径 >40μm），在空气中极易沉降；细尘（10μm< 粒径 <40μm），肉眼可见，在静止空气中作加速沉降；微尘（0.25μm< 粒径 <10μm），仅光学显微镜可以观察，在静止空气中作等速沉降；超微尘（粒径 <0.25μm），要用电子显微镜才可以观察到，在空气中作扩散运动状。

根据矿尘存在状态划分为悬浮于矿井内空气中的浮游粉尘（浮尘）及从矿内空气中沉降下来的沉积粉尘（落尘），浮尘和落尘在不同环境下可以互相转化。浮尘在空气中飞扬的时间与尘粒的大小、重量、形式等有关，还与空气的湿度、风速等大气参数有关。

按照煤矿粉尘中游离二氧化硅含量将煤矿粉尘分为煤尘、岩尘和混合尘，据此制定呼吸性粉尘的职业接触限值（表 1-1-2）。

表 1-1-2　煤矿作业场所粉尘接触浓度管理限值判定标准（国标）

粉尘种类	游离 SiO_2 含量 /%	呼吸性粉尘浓度 / （mg·m^{-3}）
煤尘	<5	5.0
岩尘	5 ～	2.5

粉尘种类	游离 SiO_2 含量 /%	呼吸性粉尘浓度 /（$mg \cdot m^{-3}$）
	10 ～	1.0
	30 ～	0.5
	≥50	0.2
水泥尘	<10	1.5

（二）非煤矿山粉尘

非煤矿山是指开采金属矿石、放射性矿石以及作为石油化工原料、建筑材料、辅助原料、耐火材料及其他非金属矿物（煤炭除外）的矿山和尾矿库。非煤矿山在生产过程中（如凿岩、爆破、铲装、放矿、运输和破碎等）会产生大量的粉尘，尾矿库也存在一定的粉尘（表 1-1-3）。

表 1-1-3　非煤矿山粉尘来源及健康危害

非煤矿山	矿山类别	接触机会	粉尘来源	粉尘健康危害
黑色金属采选业	铁矿	矿山开采，破碎、磨碎、磁选、浮选、重选等程序、矿石精选	矿石采场穿孔、爆破、采装、旋回破碎和放矿作业、运输、排土等作业环节。矿石精选车间粉尘污染主要产生于多级破碎、筛分、皮带输送、物料转运、物料堆场等环节；尾矿场与排土场粉尘污染源主要是装卸、转运、堆存扬尘等	长期从事铁矿工作，会影响作业工人血压、心脏、肾脏功能以及呼吸系统，进而导致尘肺病的发生

续表

非煤矿山	矿山类别	接触机会	粉尘来源	粉尘健康危害
黑色金属采选业	锰矿	锰矿开采过程开拓、采集及切割掘进作业，回采作业及破碎	在锰矿开采、爆破、粉碎、筛选、运输等过程会接触锰矿粉尘；Mn、SiO_2、CaO、Al_2O_3、MgO、P、S、Fe、TiO_2等物质或元素含量较高，锰矿石中游离二氧化硅的含量大于10%，因此锰矿开采过程中产生的粉尘主要为矽尘	长时间高浓度接触锰矿粉尘会导致矽肺病的发生
	其他有色金属矿	开采过程开拓、采集及切割掘进作业，回采作业及破碎	在原矿石开采、爆破、粉碎、筛选、运输等过程会接触其他有色金属粉尘	长时间高浓度的接触有色金属粉尘可导致呼吸系统疾病的发生
	铬矿	矿山开采，破碎、磨碎、磁选、浮选、重选等程序、矿石精选	在铬矿开采、爆破、粉碎、筛选、运输等过程会接触铬矿粉尘	长时间高浓度接触铬矿粉尘会导致尘肺病的发生
有色金属矿采选业	铝矿	凿岩爆破，采场出矿，溜井放矿，中段运输，井下充填	矿场开采爆破过程中产生的矽尘，井下充填及支护喷浆混合水泥时产生的水泥粉尘。矿石精选过程中产生的粉尘，铝矿石装运过程中产生的粉尘以及设备地面清扫过程中产生的二次扬尘	长时间高浓度接触粉尘会导致铝尘肺

续表

非煤矿山	矿山类别	接触机会	粉尘来源	粉尘健康危害
有色金属矿采选业	铜矿	凿岩爆破，采场出矿，溜井放矿，中段运输，井下充填	矿石采选穿孔、爆破、采装、旋回破碎和放矿作业、运输、排土等作业环节，坑内运输、地表运输、坑内破碎以及选矿选场破碎、皮带运输、浮选、筛分等	长时间高浓度接触粉尘会导致尘肺病
	铅锌矿	矿场开采及矿石精选	矿石采选穿孔、爆破、采装、旋回破碎和放矿作业、运输、排土等作业环节，坑内运输、地表运输、坑内破碎以及选矿选场破碎、皮带运输、浮选、筛分等	长时间高浓度接触铅锌矿粉尘可导致尘肺病
非金属矿采选业	陶土矿	陶土开采与运输	矿山开采过程中液压潜孔钻钻孔、凿岩、爆破、破碎液压挖掘机以及原料储运上料运输等一系列过程	长时间高浓度接触陶土粉尘可导致陶工尘肺
	石灰石矿	石灰石开采与运输	矿石开采过程中，凿岩和破碎为主要产尘工种，穿孔、爆破、采装、排土、破碎以及成品堆放都会产生粉尘	长期接触石灰石粉尘可致肺功能受损，最终导致水泥尘肺
	硅酸盐矿	硅酸盐开采与运输	矿山开采过程中液压潜孔钻钻孔、凿岩、爆破、破碎液压挖掘机以及原料储运上料运输等一系列过程	长期接触硅酸盐粉尘会致硅酸盐肺（石棉肺、云母尘肺、滑石尘肺、水泥尘肺）

续表

非煤矿山	矿山类别	接触机会	粉尘来源	粉尘健康危害
非金属矿采选业	土砂石矿	土砂石开采运输和精选	目前石料生产线自动化程度高，凿岩工在凿岩过程中可接触到粉尘，巡检工在巡检过程中也可接触到粉尘	长期接触土砂石粉尘可导致矽肺病
	石膏矿	石膏石打眼、爆破、耙装、出矿和运输	在打眼、运输和栈桥的各岗位，打眼时的扬尘很大，在运输过程中会出现矿洒落现象，在栈桥，将矿车侧翻矿石倒入地面，产生扬尘	长期接触石膏石粉尘可致尘肺病的发生
	石墨矿	石墨开采、粉碎与运输	石墨选矿过程中，原矿的破碎、运输，精选过程中的烘干、筛分、磨矿、运输、包装等工序都会散发出大量的石墨粉尘	长期接触石墨粉尘可致石墨尘肺

三、生产性粉尘在体内的转归

（一）粉尘在呼吸道的沉积

粉尘粒子随气流进入呼吸道后，主要通过撞击、截留、重力沉积、静电沉积、布朗运动而发生沉降。粒径较大的尘粒在大气道分岔处可发生撞击沉降；纤维状粉尘主要通过截留作用沉积。直径大于 $1\mu m$ 的粒子大部分通过撞击和重力沉降而沉积，沉降率与粒子的密度和直径的平方成正比；直径小于 $0.5\mu m$ 的粒子主要通过空气分子的布朗运动沉积于小气道和肺泡壁。

（二）人体对粉尘的防御和清除

人体对吸入的粉尘具备有效的防御和清除作用，一般认为有三道防线。

1. 鼻腔、喉、气管支气管树的阻留作用　大量粉尘粒子随气流吸入时通过撞击、截留、重力沉积、静电沉积作用阻留于呼吸道表面。气道平滑肌对异物的反应性收缩可使气道截面积缩小，减少含尘气流的进入，增大粉尘截留，并可启动咳嗽和喷嚏反射，排出粉尘。

2. 呼吸道上皮黏液纤毛系统的排出作用　呼吸道上皮细胞表面的纤毛和覆盖其上的黏液组成"黏液纤毛系统"。在正常情况下，阻留在气道内的粉尘黏附在气道表面的黏液层上，纤毛向咽喉方向有规律地摆动，将黏液层中的粉尘移出。但如果长期大量吸入粉尘，黏液纤毛系统的功能和结构会遭到严重损害，其粉尘清除能力极大降低，从而导致粉尘在呼吸道滞留。

3. 肺泡巨噬细胞的吞噬作用　进入肺泡的粉尘黏附在肺泡腔表面，被肺泡巨噬细胞吞噬，形成尘细胞。大部分尘细胞通过自身阿米巴样运动及肺泡的舒张转移至纤毛上皮表面，再通过纤毛运动而清除。小部分尘细胞因粉尘作用受损、坏死、崩解，尘粒游离后再被巨噬细胞吞噬，如此循环往复。此外，尘细胞和尘粒可以进入淋巴系统，沉积于肺门和支气管淋巴结，经淋巴循环进入血液循环到达其他脏器。

呼吸系统通过上述途径可使进入呼吸道粉尘的绝大部分在 24 小时内被排出。人体通过各种防御清除功能，可排出进入呼吸道的 97%～99% 的粉尘，1%～3% 的尘粒沉积在体内。如果机体长期吸入粉尘会造成各项清除功能下降，导致粉尘过量堆积，造成肺组织病变。

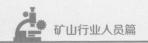
四、粉尘的健康危害

生产性粉尘对机体的损害是多样的，直接的健康损害造成呼吸系统损伤为主要健康损害，局部以刺激和炎性作用为主。

（一）对呼吸系统的影响

1. 致纤维化作用 我国 2013 年公布实施的《职业病分类和目录》规定的 13 种尘肺病中，矿山行业存在绝大多数，包括矽肺、石棉肺、煤工尘肺、石墨尘肺、炭黑尘肺、滑石尘肺、水泥尘肺、云母尘肺、陶工尘肺、铝尘肺、电焊工尘肺及铸工尘肺（图1-1-1）。

2. 金属及其化合物粉尘肺沉着病、硬金属肺病 锡、铁、锑、

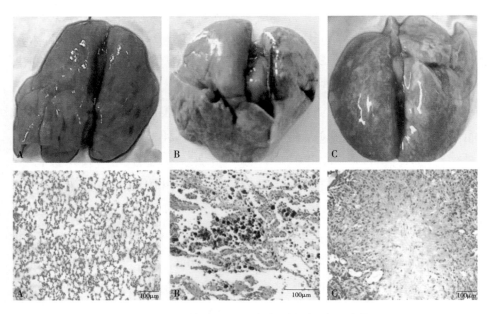

图 1-1-1　染尘 24 周大鼠肺组织病理变化

A. 对照组；B. 煤尘组；C. 矽尘组

钡等金属及其化合物粉尘吸入后，主要沉积于肺组织中，呈现异物反应，这类病变又称金属及其化合物粉尘肺沉着病；硬金属钨、钛、钴等，可引起硬金属肺病。

3. **其他呼吸系统疾患** 在粉尘进入肺部导致炎性反应，引起粉尘性气管炎、支气管炎、肺炎、哮喘性鼻炎、支气管哮喘和慢性阻塞性肺疾病。长时间的粉尘暴露还常引起机体免疫功能下降，容易发生肺部非特异性感染，如肺结核也是粉尘暴露人员易患疾病之一。

（二）局部作用

粉尘作用于呼吸道黏膜，早期能够造成呼吸系统功能亢进、黏膜下毛细血管扩张、充血，黏液腺分泌增加，以阻止粉尘进入呼吸道，长期则形成黏膜肥大性病变，进而由于黏膜上皮细胞营养不足，造成萎缩性病变，呼吸道防御功能下降。作业人员皮肤长期接触粉尘可导致阻塞性皮脂炎、粉刺、毛囊炎、脓皮病。金属粉尘还可引起角膜损伤、浑浊。沥青粉尘可引起光毒性皮炎。

（三）中毒作用

黏附在粉尘表面或者含有的可溶性有毒物质如含铅、砷、锰等，可在呼吸道黏膜很快溶解吸收，呈现出相应毒物的急性中毒症状。粉尘颗粒粒径越小，其表面积越大，能够吸附的化学物质更多，可能引起更大的健康危害。

（四）致癌作用

石棉、游离二氧化硅、镍、铬、砷等是人类肯定致癌物，吸入含有这些物质的粉尘就可能诱发呼吸和其他系统肿瘤。此外，放射性粉尘也能引起呼吸系统肿瘤。

五、粉尘的安全隐患

（一）粉尘的爆炸性

粉尘扩散到一定浓度和数量，将会引起快速燃烧，称为爆燃，如果这一过程被限制在封闭的空间内，如巷道、厂房、加工设备内，粉碎、研磨、输送过程中，由于机械力的作用会扬起大量粉尘，密闭空间内悬浮的粉尘往往处于爆炸浓度范围之内，且各种力的作用更容易产生摩擦、撞击火花，静电等点火源，导致粉尘爆炸的发生（表 1-1-4）。

表 1-1-4　矿山粉尘爆炸极限

粉尘种类	粉尘	爆炸下极限 /（g·m⁻³）	起火点 /℃
金属	钼	35	645
	锑	420	416
	锌	500	680
	锆	40	常温
	硅	160	775
	钛	45	460
	铁	120	316
	钒	220	500
	硅铁合金	425	860
	镁	20	520
	镁铝合金	50	535
	锰	210	450
煤尘	煤炭	35	610

（二）影响能见度

当煤尘浓度达到一定时，会降低工作场所的可见度，引起伤亡事故，降低劳动效率，可能由于人员的误操作，还会影响设备的安全运行。

（三）影响生态环境

煤炭开采中会有大量的瓦斯释放，矿井通风过程中把这些瓦斯排放到大气中；煤矿的煤场及矸石山，容易诱发扬尘。

（关毅　李宁　姚三巧）

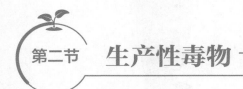

第二节　生产性毒物

一、生产性毒物的概述

（一）毒物的基本概念

1. **毒物**　凡少量进入人体后，能与机体组织发生化学或物理化学作用，并能够引起机体暂时的或永久的病理状态的物质。
2. **生产性毒物**　在工业生产中所接触的毒物。
3. **毒物中毒**　在职业活动中，由毒物所引起的全身性疾病。

（二）煤矿和非煤矿山常见的毒物

通常情况下，矿山行业中常见的生产性毒物主要有爆破过程中产生的氮氧化物、一氧化碳；硫铁矿氧化自燃产生的二氧化硫；某些硫铁矿产生的硫化氢、甲烷；人员呼吸和木料腐烂产生的二氧化碳；铅、锰矿等重金属及其化合物；汞、砷等有毒矿石；柴油设备使用过程中会产生有害废气等（图 1-2-1）。

图 1-2-1　熟知矿山行业毒物分类

（三）生产性毒物进入人体的主要途径

在矿山行业生产过程中，生产性毒物进入人体的主要途径是呼吸道、皮肤，亦可通过消化道进入人体，但实际意义不大。

1. **呼吸道**　呈气态、蒸气、气溶胶状态的毒物可经呼吸道进入体内。

2. **皮肤**　某些毒物可透过完整的皮肤危害人体，经皮肤吸收而致中毒在生产劳动过程中是比较常见的。

3. **消化道**　生产性毒物经消化道进入人体而致职业中毒者甚

少。个人卫生习惯不好或发生意外时可经消化道进入人体内，主要是固体、粉末状毒物。

二、常见的矿山行业毒物的识别和急救处理

（一）矿山行业氮氧化物的来源、中毒特点及现场处理措施

1. **来源**　通常在矿山行业中出现的二氧化氮气体是棕红色、并且有刺激性气味，一般发生在矿山爆破后。

2. **中毒特点**　二氧化氮气体具有强烈腐蚀作用，主要是对眼睛、呼吸道及肺等组织；如果遇到水之后能产生一种破坏人体肺及全部呼吸系统的化学物质硝酸，使机体血液中毒（生成高铁血红蛋白，引起组织缺氧），经过大概一天时间，肺水肿会加重，导致咳嗽加重，此时会有工人吐粉红色泡沫痰，并有剧烈的头痛、呕吐现象，甚至发生死亡危险。

3. **现场处理措施**　立即将患者脱离现场静卧保暖。

（二）矿山行业一氧化碳的来源、中毒特点及现场处理措施

1. **来源**　在矿山行业爆破工程中会产生一氧化碳有毒气体；另外如果该环境用到内燃机也会产生该气体；再者，如在矿井下发生火灾，因为缺氧会导致氧气不能完全燃烧而产生大量的一氧化碳有毒气体。以上中毒情况均可归因于工作环境通风不良。

2. **中毒特点**　矿山行业产生的一氧化碳气体是无色、无味的，易燃易爆，是一种最常见的可以导致工人窒息的气体。如果中毒程度较轻，一般可表现为头痛、眩晕、恶心、呕吐、乏力等。中度中毒会导致身体反应进一步加重，有面色潮红、口唇呈樱桃红色、脉

快、多汗及嗜睡。重度中毒者很快昏迷。

3. **现场处理措施**　发现中毒患者应迅速移至空气新鲜处，注意保暖。轻度患者数小时即可恢复，中度及重度患者应立即送到医院。

（三）矿山行业二氧化碳的来源、中毒特点及现场处理措施

1. **来源**　在不通风的井巷中容易聚集。发生急性二氧化碳中毒的场所多呈封闭或半封闭状态。

2. **中毒特点**　矿山行业工作场所中的二氧化碳是无色、无味的，如果发生急性二氧化碳中毒，接触后几秒钟内就迅速昏迷倒下，严重时可呈"电击样"昏厥，甚至猝死。当矿工暴露于高浓度二氧化碳环境时，会不知不觉地发生昏迷、无法呼吸，严重者会有死亡现象发生，而且前期是没有任何感觉的。若不能及时救出可致死亡。中毒程度严重的矿工，可表现为呼吸困难，颜面及口唇青紫，鼻翼扇动厉害，口鼻腔出血，甚至神志不清等。最严重的矿工会发生昏迷状态、呼吸暂停、阵发性抽搐、体温明显升高、肺和脑水肿等身体不适感。

3. **现场处理措施**　现场救治必须越快越好。应迅速将矿工脱离中毒现场，转移到通风良好的地方，让患者呼吸顺畅。

（四）矿山行业硫化氢的来源、中毒特点及现场处理措施

1. **来源**　硫化氢中毒通常是在矿山环境中发生有机物腐烂现象，硫化矿物水解反应，矿山爆破以及导火线燃烧时产生。

2. **中毒特点**　硫化氢气体是没有颜色的，但是会有腐蚀性臭鸡蛋气味。硫化氢中毒一般会感觉到眼及上呼吸道刺激，头晕比较明显，呼吸困难，如果矿山环境场所中出现硫化氢大量释放可导致

矿工立即发生昏迷、甚至死亡现象。硫化氢具有"臭蛋样"气味，但极高浓度很快引起嗅觉疲劳而不觉其味。低浓度对眼和呼吸道黏膜有刺激作用，高浓度对脑神经系统影响明显，还可引起"电击样"死亡现象。

图 1-2-2　矿山行业硫化氢中毒危害

3. 现场处理措施　脱离接触，呼吸、心脏停搏者进行心肺脑复苏、吸氧、防止脑水肿、高压氧舱治疗，细胞色素 C、脑复康等药物治疗。

（五）矿山行业甲烷的来源、中毒特点及现场处理措施

1. 来源　矿山瓦斯一般指矿井中的可燃气体，主要是沼气。沼气为无色无味气味，比重 0.559kg/m³。其主要成分为甲烷，它是煤在形成过程中的产物，树木和其他有机物体在不通风的情况下逐渐向烟煤或无烟煤变化的时候，同时产生沼气。矿山瓦斯一般缓慢散放出来，也可突然喷出大量沼气。

2. 中毒特点　瓦斯是开采煤炭过程中释放出来的无色、无味、无臭气体，有四大危害：一是可以燃烧，引起矿井火灾；二是会爆

炸，导致矿毁人亡；三是浓度过高时会导致人员缺氧窒息、甚至死亡；四是会发生煤（岩）与瓦斯突出，摧毁、堵塞巷道，甚至引起人员窒息死亡、瓦斯爆炸。

瓦斯的存在使空气中含氧量减少而引起缺氧现象，沼气浓度达57%，空气中氧含量低到9%～10%，此时有生命危险。但瓦斯更严重的危害是瓦斯爆炸，当甲烷浓度为5%～16%时，与空气中氧混合形成一种爆炸性气体，遇明火即爆炸。工作环境空气中甲烷浓度低的时候会出现窒息前症状，如：头晕、呼吸加快、乏力、注意力不集中、不能做准确的动作；随着浓度升高，在80%浓度出现头痛感觉；在90%浓度，矿工会发生呼吸停止；如果是液化气体、一定要注意不要将液化气体溅于皮肤上，否则会冻伤皮肤。

3. **现场处理措施**　甲烷中毒的急救措施在发生沼气中毒之时，应该立即将中毒患者转移到空气比较流通的地方，应解开衣扣以及裤带，保持呼吸道的畅通。同时注意保暖。并且及时送医院抢救。

（六）矿山行业二氧化硫的来源、中毒特点及现场处理措施

1. **来源**　二氧化硫（SO_2）是一种无色、有强烈硫黄味及酸味的气体，易溶于水，对空气相对密度为2.2，常存在于巷道的底部。

2. **中毒特点**　二氧化硫（SO_2）对眼睛是有强烈刺激作用的。当工作场所中二氧化硫（SO_2）增多时，会与呼吸道潮湿表皮接触产生硫酸，对呼吸器官有腐蚀性，使喉咙和支气管发炎，呼吸麻痹。严重时引起肺水肿。当空气中含SO_2 0.000 5%时，嗅觉器官就能闻到刺激味；0.002%时，有强烈的刺激，可引起头痛和喉痛；

0.05% 时，引起急性支气管炎和肺水肿，短时间内即死亡。《金属非金属矿山安全规程》规定：空气中 SO_2 含量不得超过 0.000 5%。

3. **现场处理措施**　在抢救前做好个人呼吸系统防护，佩戴防毒面具；切断毒气来源，并加强通风；迅速将患者移离中毒现场至通风处，松开衣领，注意保暖，观察病情变化。

（七）矿山行业铅的来源、中毒特点及现场处理措施

1. **来源**　铅是有毒的重金属，柔软可锻铸，熔点低，刚切割出来时是银色略带蓝色的，暴露在空气中后，会失去光泽成暗灰色，耐蚀性高。常见于铅矿的开采、烧结和精炼等作业。

2. **中毒特点**　矿山行业铅中毒以慢性中毒为主。铅中毒是由铅所引起的金属中毒，脑最容易受到铅的影响。患者常出现明显的胃肠道症状，溶血性贫血、肝脏损伤、黄疸、齿龈与牙齿交界边缘有暗蓝色铅线等。进入体内后，几天内会闻到患者口中有金属味，此时患者会出现恶心、呕吐、便秘、腹泻，通常会有腹绞痛感觉。如果中毒程度较深，还可出现血压升高、贫血、肝脏疾病加重及神经麻痹等身体不适感。

3. **现场处理措施**　通常在现场我们可以迅速让患者喝大量浓茶或白开水，用手刺激咽部让其呕吐，方便的情况下可以喝牛奶、蛋清、豆浆来保护患者的胃。对昏迷者应及时清除口腔内异物，保持呼吸道的通畅，防止异物引起窒息，应立即送医院抢救。

（八）矿山行业锰的来源、中毒特点及现场处理措施

1. **来源**　锰是一种灰白色、硬脆、有光泽的金属，常见于锰矿的开采作业。

2. **中毒特点**　锰矿山行业中锰中毒主要由于锰及其化合物的烟雾和粉尘通过矿工的呼吸道进入其体内。一般短期内不会发生中

毒现象，但如果持续吸入大量锰烟数小时后，会出现头晕、头痛、咽痛、咳嗽、寒战、高热等金属烟热症状，持续数小时，出汗后退烧。如果肺部感染不合并，症状通常在 24 ～ 48 小时内消失。锰毒性肺炎：短期吸入大量锰化物粉尘后，呼吸困难。

3. 现场处理措施　一般发生锰中毒症状时是不需特殊药物治疗的，脱离中毒现场环境以后自身的症状很快会消失。如果中毒较重，可让患者大量饮水、可适量服用解热镇痛药进行退热处理。

（九）矿山行业汞的来源，中毒特点及现场处理措施

1. 来源　汞是在常温下唯一呈液态的金属，又称水银，银白色，比重 13.546，熔点 –38.87℃，沸点 357℃。汞能与许多金属形成合金，称为汞齐。汞的产品主要是汞和硫化汞。我国汞矿以产汞为主。生产性中毒常见于汞矿开采。

2. 中毒特点　汞是银白色的液态金属，普通环境中就可以蒸发掉。矿山行业汞中毒主要是因为患者长期吸入汞蒸气和汞化合物粉尘所致，一般短期内是不会发生的。但是长期持续接触该物质会出现精神异常、齿龈炎、震颤等表现。当吸入量比较大时可发生急性汞中毒：全身症状有口内金属味、头痛、头晕、恶心、呕吐、腹痛、腹泻、乏力、全身酸痛、寒战、发热（38 ～ 39℃），特别严重的患者会表现为容易激动、烦躁不安、失眠；甚至抽搐、昏迷或精神失常；可出现咳嗽、咳痰、胸痛、呼吸困难；也可出现齿龈肿痛、糜烂、出血、口腔黏膜溃烂、牙齿松动、牙龈"汞线"；中毒后 2 ～ 3 天皮肤可出现红色斑丘疹。

3. 现场处理措施　吸入汞中毒者，应立即撤离现场，更换衣物。

（十）矿山行业砷的来源、中毒特点及现场处理措施

1. 来源　砷作为一种无臭无味的剧毒元素，有黄、灰、黑褐

三种同素异形体，其灰色晶体具有金属性，脆而硬。主要矿物有雄黄、雌黄，毒砂；还有砷镍矿、砷锑矿，砷华，斜方砷铁矿等。一般用地下开采法采矿，用浮选法选矿。在矿业中"砷的释放"是危害职业人群健康的主要方式。

2. **中毒特点**　急性中毒已十分罕见。慢性砷中毒患者常在几分钟后感觉到口腔烧灼感，恶心呕吐，腹剧痛、腹泻呈米泔水样，呕血、便血、心脏不舒服，可出现神经系统头痛、眩晕、浑身肌肉酸痛、烦躁、狂躁、抽搐、昏迷等，严重者可发生肾衰竭呼吸系统胸痛、咳嗽、呼吸困难，指甲出现横纹。

3. **现场处理措施**　当发现砷中毒的时候，应该迅速离开现场；可以用温水、肥皂水对中毒者的皮肤进行充分的冲洗；口服者，需尽快催吐等；迅速送往医院进行抢治。

三、矿山和非矿山行业毒物危害"源头"解析

（一）产业发展水平落后

生产工艺和技术设备跟不上发展；专业技术人员较少；没有配备专业技术人员对作业环境的安全、通风、测量等进行检查，安全隐患问题持续存在。

（二）生产过程多存在违法现象

大部分企业没有将必需的资金用于安全生产；没有按照矿山行业要求，建立通风系统，或者没有按说明运用；企业的主要责任人和安全管理人员没有取得安全生产管理资格证；没有建立必备的规章制度和安全操作规程；从业人员缺乏教育培训，缺乏安全常识，直接安排井下作业。

（三）通风管理措施不到位

发生中毒的矿井，没有进行通风处理；工人在下井前没有提前对井下空气中有毒物质进行检测。

（四）应急不当，事故扩大

企业内部应急预案没有制定；或者虽然制定了预案但没有进行演练，也没有进行应急培训；导致大部分工人缺乏基本的救援常识，在中毒事故发生后，施救方法不对，造成人员伤亡数量增加。

（董新文　任文杰）

第三节　生产性噪声

噪声是一种人们不希望听到的声音，会干扰工作、学习和生活，影响人的情绪，是常见的职业性有害因素，在矿山行业主要见于爆破工、掘进工等（图1-3-1）。长期暴露一定强度的噪声中，会造成健康损害，甚至导致噪声性耳聋。

一、矿山行业噪声的来源

矿业噪声涉及范围十分广泛，对环境和矿山工人造成严重危害。从井下的采矿、掘进、运输到露天矿的开采，地面的分选加工，噪声源无处不在。根据噪声源分布位置主要分为2类：

图 1-3-1　常见接触噪声的工种

（一）露天矿业的噪声来源

采矿、运输过程中使用的大型设备都会产生噪声，如钻机、斗容电铲、载重自卸车、推土机、破碎机运转、胶带运输过程中的转载站和驱动站等，这些机械和设备在运行中产生强度不等的噪声对作业者健康危害严重。此外，地面的固定设备产生的主要噪声来源有提升机、通风机、空气压缩机、选煤机械（振动筛、煤机、真空泵、溜槽、鼓风机）、运输机械、电锯、锻锤等。这类噪声强度大，连续噪声多。部分作业点及大型设备噪声强度见表 1-3-1、表 1-3-2。

在露天采矿中，行驶车辆和装载机械是生产现场的主要噪声源之一，大多数装载机械的噪声级都在 90dB 以上，有些甚至达到 110dB。这些噪声主要包括发动机运行及其附件噪声，轮胎噪声和车体产生的空气动力噪声。

在矿岩的分级破碎工艺过程中，破碎机和筛分机是主要的噪声源，产生这种噪声的主要原因是岩石在破碎机中破碎、碰撞引起的

表 1-3-1　矿业环境中作业点噪声级变动范围

采样点	噪声级 /dB（A）	采样点	噪声级 /dB（A）
驱动站	99 ～ 104	剥离、坑下	60 ～ 97
成品仓下	89 ～ 96	装车仓	72 ～ 97
推土机	92 ～ 95	货场	60 ～ 88
翻斗运输车	64 ～ 90	转载、缓冲仓	70 ～ 86
传输带	64 ～ 90	电镐	68 ～ 80
贮煤场	79 ～ 90	排土场	66 ～ 90
破碎机	68 ～ 72	破碎车间	90 ～ 99

表 1-3-2　某矿业环境中大型设备噪声测定

噪声源	噪声级 /dB（A）	噪声源	噪声级 /dB（A）
装载车平台	103.1	装载车驾驶室	83.3
钻机机房	99.9	运输车	83.3
钻机平台	85.5	推土机	80.4
钻机驾驶室	71.3	电铲驾驶室	89.2

强烈振动，矿岩撞击配料板和进料斗产生的振动等。磨矿机噪声的主要来源是钢球撞击衬板所引起的振动、排矿口排矿、啮合齿轮及其他传动部件的相互运动。

（二）井下矿业的噪声来源

矿井下主要噪声来源有局部通风机、空气压缩机、提升机、水泵、刮板输送机、装岩机、风动凿岩机、风扇、局扇、皮带机、煤电钻、乳化液机、采煤机、掘进机等。这类噪声强度大，来源多，干扰时间长，难消除。

小型和中型凿岩机、凿岩台车和潜孔钻机是产生井下最大噪声的设备之一。凿岩机的噪声来自钎杆冲击时的排气、旋转和给进马达的排气，以及凿岩机内零部件的冲击。在破碎机、筛子、溜井、矿槽和漏槽内，由于岩石之间和岩石与钢板之间的冲撞而产生噪声。

矿井局部通风机和主风扇机是井下显著的噪声源，产生的噪声级为 90 ～ 110dB（A）。局部风扇机多安装于工作巷道内，噪声来源于进排气口，噪声危害大；主风扇机产生的噪声主要是经过通风机排气端的巷道壁向大气传播。空压机是由于通过进、排气口向外辐射的气流、机械运动部件撞击、摩擦产生的机械性噪声以及包括电动机或柴油机所产生的噪声构成。

此外，地下矿开采中煤巷爆破和岩巷爆破等也可产生较强噪声。

二、矿山行业噪声的分类

矿山噪声按照声源产生的地点分为地面噪声和井下噪声。按照噪声产生的原因分为设备噪声源和非设备噪声源。设备噪声源有扇风机、空气压缩机、凿岩设备、装卸设备、运输设备和破碎设备等；非设备噪声源有爆破，压气管线中压气的排放和泄漏，片帮、冒顶和放顶，以及矿石倾卸到矿仓、溜井、溜槽中的滚动和撞击噪声等。

按照噪声的声源不同，可以分为空气动力性噪声、机械性噪声、电磁性噪声和爆破噪声。空气动力性噪声主要是由于空气中有了涡流或发生压力突变引起的气体扰动而产生的、如凿岩机、鼓风机、空气压缩机等产生的噪声。机械性噪声是指由于在机械的撞击、摩擦和交变的机械应力作用下，机械的金属板、轴承以及齿轮等发生振动而产生的，如破碎机、电锯等产生的噪声。电磁性噪声是指由于电气部件振动而产生的噪声，如电动机、变压器等产生的噪声。

三、噪声引起的健康危害

噪声主要引起听觉器官的损伤。工人短时间处于噪声环境中会感觉声音刺耳，有不适、耳鸣、听力下降、头晕、头痛等症状，在脱离噪声环境后数分钟或数小时听力可以逐渐恢复到原来水平，这种现象称为暂时性听阈位移。长期处于噪声环境中的工人听力明显下降，离开噪声后短期内不能得到有效恢复，则逐渐发展为听力损失，造成职业性噪声聋。

在某些特殊情况下，如进行爆破作业，由于防护不当可因爆炸引起的冲击波造成鼓膜破裂，听骨破坏，引起听力丧失，导致爆震性耳聋。患者可出现耳鸣、耳痛、恶心、呕吐、眩晕、听力丧失等症状。严重者可引起永久性耳聋。

此外，长期接触噪声可出现头痛、头晕、睡眠障碍和全身乏力等，有的表现记忆力减退和情绪不稳定，如易激怒等。一些工人出现血压持续性升高、内分泌紊乱、免疫功能降低、胃肠功能紊乱、食欲缺乏等相关症状。

四、矿山噪声的防护

采矿生产现场和破碎车间、空压机、穿孔所用潜孔钻、进行大块岩石处理所用凿岩机、运转的颚式破碎机是主要的噪声源。为了贯彻安全生产和预防为主的方针，保护工人身体健康，我国工业企业噪声卫生标准要求将噪声强度控制在制定的卫生标准〔85dB（A）〕范围之内，职业接触限值见表1-3-3。采用无噪声或低噪声的工艺或加工方法，对设备及部件进行更新或改装以降低噪声，如以大型浮选柱代替浮选机，以传送带代替溜槽。安装消声装置控制噪声，加强对设备的经常性维护，降低设备的运行负荷，使用消声器、隔振降噪等工艺措施。

表 1-3-3　工作场所噪声职业接触限值

接触时间	接触限值/dB（A）	备注
5d/w，=8h/d	85	非稳态噪声计算 8h 等效声级
5d/w，≠8h/d	85	计算 8 小时等效声级
≠5d/w	85	计算 40 小时等效声级

　　个体防护是预防矿山噪声危害的最经济、最有效的途径之一。工人在噪声环境中作业时应做好防护措施，正确佩戴防噪声耳塞、耳罩、防噪声帽等听力保护器，减少在噪声环境中的暴露时间，同时实行轮流工作制（图 1-3-2）。

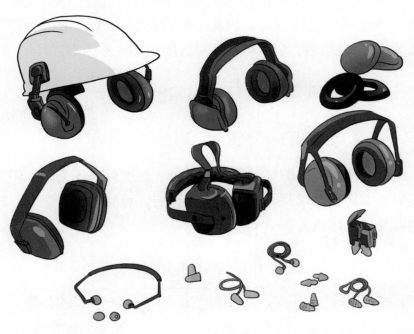

图 1-3-2　个体防护用品

（常美玉　姚三巧）

第四节　高温高湿

一、高温高湿环境

根据人体热平衡与环境温湿度之间关系的相关科学研究结果，人体感到舒适的环境温度一般为 18 ～ 22℃，相对湿度为 50% ～ 60%，但由于矿山特殊的生产环境，其温度和湿度往往会高于人体舒适环境的指标，因此一般我们将 32℃ 以上的生产环境视之为高温环境，将高于 80% 相对湿度的环境称为高湿环境。

二、矿山高温高湿环境产生的原因

（一）矿山高温环境产生的原因

矿山生产环境中的气温除取决于大气温度外，还受到太阳对地表辐射、工作热源以及人体散热等的影响，可分为绝对热源、相对热源以及二次热源（表 1-4-1）：

表 1-4-1　矿山热源的分类

绝对热源	相对热源	二次热源
生产所用各类设备、矿物氧化等生产操作产热方式，又称为人为热源	岩层温度、井下热水等高于生产环境的热源，又称为自然热源	前述热源所产生的热能通过传导、对流加热生产环境中的空气，再辐射加热周围物体，从而形成二次热源

除此之外，矿山热源还有如压风管散热、废气排热、空气摩擦散热、岩层摩擦热等其他热源，但是这些热源的散热量一般较小，在实际研究中忽略不计。

（二）矿山高湿环境产生的原因

首先是矿井水会直接蒸发，其次是在井巷壁上的冷凝水会再次散湿，还有矿井生产操作用水蒸发等各类现象，而井下高温的生产环境也会加速生产工作场地中水分的蒸发。在以上多种因素的共同作用下，矿井的相对湿度也通常会保持在 80% ～ 90% 之间，而位于回风段的部分位置如总回风道及回风井，有时甚至会高达 95% 以上（图 1-4-1）。

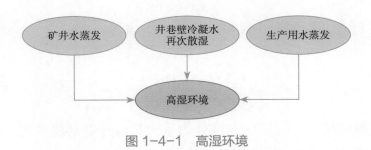

图 1-4-1　高湿环境

三、矿山中高温高湿环境对人体的影响

（一）矿山高温高湿环境对人的生理影响

1. 矿山高温对人的生理影响　如图 1-4-2、图 1-4-3 所示，工人在矿山连续作业时，高温的环境对人体的影响主要体现在体温调节、水盐代谢、循环系统这三个方面生理功能的变化，此外机体还会为了应对高温作业环境而产生适应性变化，称为热适应。

值得我们特别关注的是，停止接触热一周左右，人体便会返回

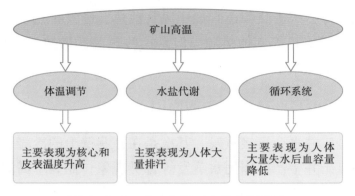

图 1-4-2　矿山高温对人的生理影响

图 1-4-3　热适应

到适应前的状况，所以病愈或休假重返高温作业环境者需要格外注意重新适应，否则会引起相应的不良反应。

2. **矿山高温高湿对人的生理影响**　矿山环境尤其是矿井下环境较为复杂，往往会兼有高温与高湿，在这种复杂环境中，人体的生理功能也会发生一系列适应性变化，详细来说表现在体温调节、水盐代谢、神经系统、循环系统、泌尿系统、消化系统等多个方面。具体如下：

（1）**对体温调节的影响：**正常的体温是保证人体正常进行新陈代谢和生命活动的必要条件。一般情况下，人体可以通过直接传导或汗液蒸发来将热量转移给空气中的水分子，由此来将人体的体温维持在正常范围内。但是进行高温作业时，不仅外界的高温高湿环境会直接通过热量传递将人体温度抬高，而且工人的劳动活动会进一步增加自身代谢产热，二者共同作用下会愈发加重体温的异常升高。

（2）**对水盐代谢的影响：** 出汗量是反映工人体温变化程度和作业强度的综合指标之一，环境温度越高，劳动强度越大，人体出汗则越多。进行高温高湿环境作业时，周围湿热、空气不流通，汗液难于蒸发往往会聚成汗滴流淌而下，更不利于人体散热，形成不良的循环，因此在此环境下工人的单个工作日出汗量可高达3 000 ～ 4 000g，经汗排出盐高达 20 ～ 25g，严重者便会出现水盐代谢的障碍。

（3）**对神经系统的影响：** 在高温高湿环境的影响下，工人的中枢神经变得迟缓，肌肉工作能力随之降低，身体虽然因肌肉活动减少产热量降低，热负荷减轻，但工人作业时的专注程度、肌肉工作能力、动作的准确性与协调性及反应速度等也会全面降低，这不仅会导致工人工作效率下降，还增加了工伤事故出现的概率。

（4）**对循环系统的影响：** 高温高湿环境作业时，人体由于大量出汗而丢失大量的水分与体液，机体有效血容量减少，循环系统也随即处于高度应激的状态。如果此时作业的工人又因为体力劳动而达到最高心率，不断蓄积的热量无法及时排出，这种状态严重持续下可导致人体出现热衰竭，甚至危及生命。

（5）**对泌尿系统的影响：** 进行高温高湿环境作业时，若体液大量丢失，人体血液浓缩，肾血流量、肾小球的过滤率会随之下降，经肾脏排出的尿液大量减少，此时若不及时补充水分扩充血容量，则会加重肾脏负担，长期可致使肾功能不全，出现血尿、蛋白尿等病症。

（6）**对消化系统的影响：** 进行高温高湿环境作业时，人体会重新分配血液以满足肌肉工作与散热出汗的需要，消化系统的血流量

相对减少，机体此时口腔唾液分泌明显减少，消化液分泌减弱，消化酶的活性和胃液酸度降低，胃肠道收缩和蠕动减弱、吸收与排空速度减慢，以上这些因素均可引起人的食欲减退与消化不良，且随着工龄增长，胃肠道疾病患病率便会随之增加。

（二）矿山高温高湿环境对人的精神影响

高温高湿环境对人情绪所表现出来的影响主要体现在以下三个方面（图1-4-4）：

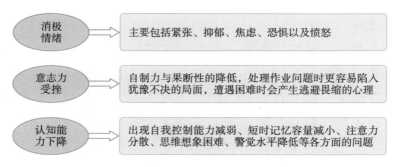

图1-4-4　高温高湿对人的精神影响

如果工人长时间地处于高温高湿环境之中，若生产任务又非常繁重，工人将在生理与心理方面受到多重不良的影响，这不仅会在短期或长期内阻碍生产活动的正常进行，甚至会给长期作业的工人带来严重的生理疾病和精神类疾病。

四、高温高湿作业会导致的疾病

高温高湿环境作业虽然可导致急性热致疾病（如刺热、痱子和中暑）和慢性热致疾病（慢性热衰竭、高血压、消化系统疾病、心肌损害等），但在一般情况下，其对人体带来的生活方面较大的危害可主要集中在脱水与中暑两个方面。

（一）脱水

一般情况下人体丢失超过 1% 的水分，就是发生脱水现象，如果人体不能及时补充消耗的水分，则会造成新陈代谢障碍，严重时会虚脱，甚至出现生命危险。脱水按照其血液中钠离子变化水平又可分为：①低渗性脱水即细胞外液减少合并低血钠；②高渗性脱水即细胞外液减少合并高血钠；③等渗性脱水即细胞外液减少而血钠正常。在高温高湿的环境下最容易出现高渗性脱水，若未及时补充盐分则容易引发低渗性脱水。

此外根据体重的减轻（即失水量），可将脱水分为三度（图 1-4-5）：

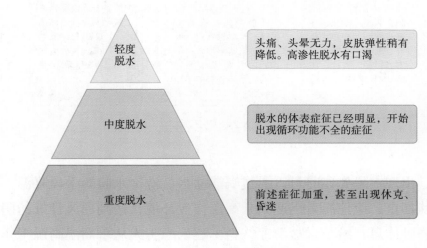

图 1-4-5 脱水分度

不论何种脱水，除对症治疗外更要依照病因治疗，而治疗手段主要是补充水分和电解质，等渗性脱水和低渗性脱水患者需要补充生理盐水或葡萄糖盐水。

（二）中暑

中暑是矿山开掘时高温环境所致的常见病症，它是在高温环境下由于热平衡或水盐代谢紊乱等而引发的一种以中枢神经系统及心血管系统障碍为主要表现的急性热致疾病。可大致分为以下三种（图 1-4-6 ）：

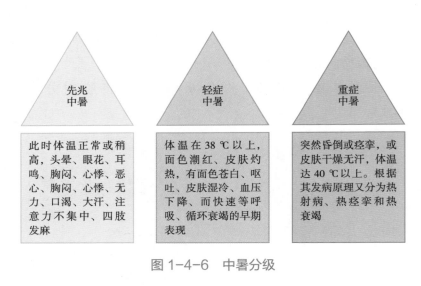

先兆中暑

此时体温正常或稍高，头晕、眼花、耳鸣、胸闷、心悸、恶心、胸闷、心悸、无力、口渴、大汗、注意力不集中、四肢发麻

轻症中暑

体温在 38 ℃ 以上，面色潮红、皮肤灼热，有面色苍白、呕吐、皮肤湿冷、血压下降、而快速等呼吸、循环衰竭的早期表现

重症中暑

突然昏倒或痉挛，或皮肤干燥无汗，体温达 40 ℃ 以上。根据其发病原理又分为热射病、热痉挛和热衰竭

图 1-4-6 中暑分级

出现中暑先兆时可以通过喝淡盐水、洗冷水脸等手段降温；若症状加重，应使患者迅速离开高温作业环境，送到通风良好的阴凉处静卧休息，给予含盐清凉饮料。建议当工人从事高温高湿工作时可随身携带一些仁丹、十滴水、清凉油等防暑药品，以缓解中暑症状。

（孙蕴哲　姚三巧）

第五节 振动

物体在外力的作用下呈现机械往返的过程称为振动，其中生产性振动是矿山行业中一种常见的振动形式。长期接触生产性振动，如使用风动工具、振动筛操作台工作等，对作业者健康可产生不良影响，严重者可发生职业病。

一、振动的来源

矿山行业有关振动的来源：

1. **煤炭采选业**　采煤凿岩、岩巷装载、煤巷打眼等。
2. **黑色金属矿采选业**　炮采、机采、装载、运输等。
3. **有色金属矿采选业**　有色矿穿孔、破碎、筛选等。
4. **非金属矿采选业**　非金属矿打孔、土砂石炮采等。

二、振动的分类

生产性振动主要包括手传振动和全身振动两种。生产中常见的职业性危害类型是手传振动。

手传振动亦称作手臂振动或局部振动，指在生产过程中手握振动工具时，通过直接作用或传递到人手臂上的机械振动或冲击，严重时可以造成手臂振动病。常见接触手传振动的作业是使用风动工具（如风铲、风镐、风钻、气锤、凿岩机、捣固机或铆钉机）、电动工具（如电钻、电锯、电刨等）和高速旋转工具（如砂轮机、抛光机等）。

全身振动是指工作地点或座椅的振动，主要是人体足部或臀部接触振动，通过下肢或躯干传导至全身。在矿山开采方面，在钻井平台、振动筛操作台、采矿船上作业时，作业劳动者主要受全身振动的影响。

三、振动对机体的影响

适宜的振动对身体具有一定的好处，能够增强肌肉活动能力，同时可以解除疲劳，减轻疼痛，促进代谢，改善组织营养，加速伤口恢复等。在矿山行业中，作业人员接触的振动强度大、时间长，有害身体健康，甚至可能引起疾病（表 1-5-1）。

表 1-5-1　不同振动的影响

振动部位	程度	影响
全身振动	剧烈振动	内脏移位或某些机械性损伤，如挤压、出血甚至撕裂（情况不多见）
	小幅度垂直振动	损害腰椎（腰背痛、椎间盘突出、脊柱骨关节病变）、胃肠疾病（胃溃疡、疝等）
	低频率、大振幅振动	晕动病，即眩晕、面色苍白、出冷汗、恶心、呕吐等（脱离振动环境后可缓解）。必要时给予抗组胺或抗胆碱类药物，如茶苯海明、氢溴酸东莨菪碱，但不宜作为交通工具的司乘人员预防用药
手传振动	振幅大，冲击力强的振动	骨、关节的损害

（一）全身振动对机体的影响

全身振动会对中枢神经系统造成一定的影响，主要影响姿势平衡和空间定向。同时还会出现视物模糊、分辨力下降等。全身振动还会影响职工的注意力和工作效率，甚至导致工伤事故。超过一定强度的振动可以引起不适感，甚至不能忍受。全身振动的长期作用危害如下所示：

1. 前庭器官刺激症状及自主神经功能紊乱，如眩晕、恶心、血压升高、心率加快、疲倦、睡眠障碍。

2. 皮肤感觉功能降低。

3. 胃肠分泌功能减弱，如食欲减退，胃下垂患病率增高。

4. 握力下降，如肌纤维颤动、肌萎缩和疼痛等。

5. 内分泌系统调节功能紊乱，如月经周期紊乱，流产率增高。

6. 引起骨和关节改变，如骨质疏松、骨关节变形和坏死等。

7. 听力下降。

（二）手传振动对机体的影响

手传振动主要表现为皮肤温度降低，冷水负荷试验时皮温恢复时间延长，这主要是因为外周循环功能改变，外周血管发生痉挛。手传振动可以对人体产生全身性的影响。长时间从事手传振动相关作业，可能会出现中枢和外周神经系统的改变。例如神经传导速度降低、感觉迟钝等。同时，手传振动对听觉也可以产生影响，引起听力下降，振动与噪声联合作用可以加重听力损伤，加速耳聋的发生和发展。手传振动还可影响消化系统、内分泌系统、免疫系统功能等。

1. **手臂振动病** 手臂振动病是手传振动引起的危害之一，长时间进行手传振动作业可能会引起手部末梢循环障碍和手臂神经功能障碍等，并且还会出现手或者关节的损伤。振幅大，冲击力强的振动，往往引起骨、关节的损害，主要改变在上肢，可能会导致手、腕、肘、肩关节局限性骨质增生，同时还可能形成骨关节病，骨刺等，严重者会出现囊样变和无菌性骨坏死。在矿山行业中，容易发生手臂振动病的工种主要有凿岩工、固定砂轮和手持砂轮磨工、铆钉工、风铲工、捣固工、油锯工、电锯工、锻工、铣工、抻拔工等（图 1-5-1）。

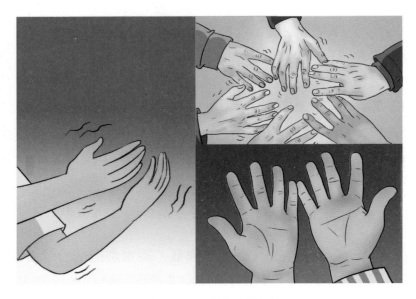

图 1-5-1　手臂振动病

2.临床表现　大多数情况下，手臂振动病的临床表现主要集中在手部和神经系统，手部症状主要有手僵、手麻、手痛等。而类神经症主要出现头昏、头痛、失眠、乏力、记忆力减退等，还可能导致自主神经功能紊乱等。手臂振动病的典型表现是振动性白指，是诊断本病的重要依据。手臂振动病大多数是在受冷后出现症状，并且具有一过性特点。患者的手指首先会出现麻、胀、痛等，手指从最开始的灰白逐渐变为苍白，由远至近逐渐发展，最后甚至整个手指都会变白。中间会出现明显的界限并且会持续几分钟。然后手指从苍白慢慢变为潮红，最后变为常色。振动性白指常见于示指、中指和无名指的远端，严重的时候整个手都会变白。白指可在双手对称出现，也可能出现在振动较强的一侧。低温环境下容易发生白指，故冬季早晨上班途中患者出现白指情况较多，春秋季出现白指也往往在气温13℃以下的阴雨或冷风天气。每次发作时间不等，轻者5～10分钟，重者20～30分钟。白指在振动作业工龄长者中明显多见，发作次数也随病情加重逐渐增加。严重病例可见指关节变形和手部肌肉萎缩等。故有"死指""死手"之称。

3. 诊断

（1）**诊断原则：** 按我国GBZ 7—2014《职业性手臂振动病诊断标准》，根据一年以上连续从事手传振动作业的职业史，以手部末梢循环障碍、手臂神经功能障碍和 / 或骨关节肌肉损伤为主的临床表现，结合末梢循环功能、神经 – 肌电图检查结果，参考作业环境的职业卫生学资料，综合分析，排除其他病因所致类似疾病，方可诊断。

（2）**诊断和分级标准**（表1-5-2）

表1-5-2 手臂振动病的诊断和分级标准

诊断	分级标准
轻度手臂振动病	出现手麻、手胀、手痛、手掌多汗、手臂无力、手指关节疼痛，可有手指关节肿胀、变形，痛觉、振动觉减退等症状体征，可有手部指端冷水复温试验复温时间延长或复温率降低，并具有下列表现之一者： ① 白指发作未超出远端指节的范围。 ② 手部神经 – 肌电图检查提示神经传导速度减慢或远端潜伏期延长
中度手臂振动病	在轻度的基础上，具有下列表现之一者： ① 白指发作累及手指的远端指节和中间指节。 ② 手部肌肉轻度萎缩，神经 – 肌电图检查提示周围神经源性损害

续表

诊断	分级标准
重度手臂振动病	在中度的基础上，具有下列表现之一者： ① 白指发作累及多数手指的所有指节，甚至累及全手，严重者可出现指端坏疽。 ② 出现手部肌肉明显萎缩或手部出现"鹰爪样"畸形，并严重影响手部功能

4. 处理原则　目前尚无特效疗法，基本原则是根据病情进行综合性治疗。应用扩张血管及营养神经的药物，改善末梢循环。也可采用活血化瘀、舒筋活络类的中药治疗并结合物理疗法、运动疗法等，促使病情缓解。必要时进行外科治疗。患者应加强个人防护，注意手部和全身保暖，减少白指的发作。一般认为，手臂振动病的预后取决于病情。经脱离振动作业，注意保暖，适当治疗，多数轻症可逐渐好转和痊愈。

轻度手臂振动病要调离接触手传振动的作业，进行适当治疗，并根据情况安排其他工作。中度手臂振动病和重度手臂振动病必须调离振动作业，积极进行治疗。如需做劳动能力鉴定，参照 GB/T 16180—2014《劳动能力鉴定职工工伤与职业病致残等级》的有关条文处理。

（丁春节　洪珊　姚三巧）

第六节　电离辐射

电离辐射是能使受作用物质发生电离现象的辐射，即波长小于

100nm 的电磁辐射。电离辐射的种类有很多，如不带电荷却具有波的特性和穿透能力的 X 射线、γ 射线，以及能引起物质电离的粒子型电离辐射的 α 射线、β 射线、中子、质子等。所有类型的电离辐射已于 2012 年被世界卫生组织国际癌症研究机构认定为 I 类致癌物。

一、电离辐射的来源

（一）放射性矿物的开采

我国放射性矿物主要分布于祁连山、柴达木盆地东北缘、东昆仑山北坡及海东地区。天然放射性元素铀、钍等局部聚集形成矿石的开采（穿孔、爆破、采装等）、运输、选矿（多级破碎、筛分、皮带输送、物料转运）等环节会产生电离辐射。利用放射性矿物原子核辐射及人工制取的放射性同位素，广泛应用于钢铁、机械、仪器、食品工业以及地质勘查、农业、医学等领域。在军事上用来制造核武器或舰艇的燃料。

（二）伴生放射性矿的开采

如稀土矿、钽铌矿、锆英矿、磷酸盐矿、有色金属矿开采过程中，矿山井下工作场所中会存在铀、钍系放射性物质的矿尘、气溶胶，同时在开采过程中还会出现放射性气体氡（^{222}Rn）和钍射气（^{220}Rn）。因此矿山中的电离辐射的照射途径既有外照射，还有进入体内的含放射性核素的矿尘、气溶胶而产生的内照射。

（三）勘测矿山时放射测井

如核子秤、磨砂浓度测定仪等具有放射性源仪器进行矿石的计量称重、磨矿浓度的测量等。这些仪器都具有高辐射的放射源，并

封装在高吸收系数的铅罐中，仪器的工作原理是当具有高辐射的γ射线穿过待检测的物料时，γ射线会随着物料的成分、厚度等参数而衰减。在检测过程中，利用计算机对γ射线的衰减程度进行计算，就可以得到浓度、流量等工艺参数。

二、电离辐射的健康危害

（一）电离辐射的外照射和内照射

电离辐射作用于人体分为外照射和内照射两种方式，矿业职业性电离辐射一般情况下接触到的电离辐射均为外辐射，外照射作用于人体，这种电离辐射只要脱离或远离辐射源，辐射作用就会减弱或停止；但如果因防护不当不慎通过呼吸道、消化道、皮肤途径进入人体的话，这种内照射的作用即为内照射，内照射对人体造成的影响比外照射更久也更大，因为这种辐射一直到放射性核素彻底排除体外，才会停止对人的电离辐射。

（二）职业性放射疾病

放射病（radiation sickness）是指达到致病量的电离辐射作用于人体所引起的全身性或局部性放射损伤。职业性放射病包括：外照射急性放射病、外照射亚急性放射病、外照射慢性放射病、内照射放射病、放射性皮肤疾病、放射性肿瘤、放射性骨损伤、放射性甲状腺疾病、放射性性腺疾病、放射性复合伤以及职业性放射性白内障。

1. **外照射急性放射病**　不同剂量照射引起的外照射急性放射病分为三种不同的类型。根据其临床表现和病理改变分为骨髓型（1～10Gy）、肠型（10～50Gy）、脑型（>50Gy）。外照射急性放射病的病程一般有三个阶段，分别是：初期、假愈期、极期。

2. 外照射亚急性放射病 外照射亚急性放射病是指人体在短时间内连续受到了很大剂量的电离外照射，照射剂量达到了1Gy或更高后，机体发生的一系列全身性疾病，最常见的如造血功能再生障碍。

3. 外照射慢性放射病 外照射慢性放射病是指人体在比较长的时间内受到的电离辐射外照射后，照射剂量累积到一定程度，机体发生以造血组织损伤为主的全身性疾病，最常见的如神经衰弱综合征。

4. 内照射放射病 内照射放射病是指在短时间内有大量放射性核素或长时间内连续性有放射性核素进入人体内，这些放射性核素对机体的持续辐射而引起的全身性疾病。这种内照射对机体产生的影响病程往往很长。

5. 放射性皮肤疾病 放射性皮肤疾病是指由于放射线（主要是 X 射线、β 射线、γ 射线）照射引起的皮肤损伤。急性放射性皮肤损伤可出现暂时性炎症反应，按损伤轻重分为 4 度；慢性放射性皮肤损伤分为 3 度：①Ⅰ度为皮肤干燥脱落，发生色素沉着；②Ⅱ度为皮肤过度角化，指甲增厚变形等；③Ⅲ度为皮肤出现坏死、溃疡、指端角化融合、关节变形等。

6. 放射性肿瘤 放射性肿瘤是指由于电离辐射而造成各类原发性肿瘤。放射性肿瘤的发生是与该照射具有病因学联系的。

7. 放射性骨损伤 放射性骨损伤是指人体全身或局部受到一次或短时间内大剂量外照射，或长期的外照射累积到一定当量引起的一系列骨组织代谢和临床病理变化称为放射性骨损伤。

8. 放射性甲状腺疾病 放射性甲状腺疾病是指甲状腺或机体暴露于电离辐射后，发生了甲状腺功能异常或甲状腺器质性病理改变。

9. 放射性性腺疾病 放射性性腺疾病是大剂量事故照射、核恐怖袭击以及小剂量职业照射诱发性腺发生的损伤。电离辐射所致的性腺疾病包括放射性不孕症及放射性闭经。

10. 放射性复合伤 放射性复合伤是指当核事故发生时，人体出现以放射损伤为主的烧伤、吸入性损伤、冲击伤等的复合伤。

11. 放射性白内障 放射性白内障是由 X 射线、γ 射线、中子及高能辐射线等电离辐射所致的晶状体的后极后囊下皮质内出现混浊。

（张淼 姚三巧）

第七节 常见病原生物

一、病原生物的概述

病原生物又称为生物性病原体，是一类危害人类健康的生物群体的总称，其种类繁多而又无处不在，在分类上包括细菌、真菌、病毒等病原微生物，也包括原虫、蠕虫等寄生虫。

（一）病原生物的主要特性

1. 病原生物的致病性 病原生物的致病性主要包括以下几个特点：

（1）机体组织器官损伤；

（2）毒性作用：例如细菌、真菌、寄生虫等释放的内毒素、外毒素等；

（3）掠夺营养：常见于肠道寄生虫的大量滋生；

（4）免疫损伤：多见于病毒感染引起，例如 HIV；

（5）侵袭力：是病原生物入侵机体的第一步，常依赖于病原生物特定的生物结构（如细菌的荚膜、菌毛等）或分子（如病毒的吸附蛋白等）；

（6）诱发癌症：为大家熟知的有黄曲霉菌释放的黄曲霉素可致肝癌等；

（7）机会致病：这与人类机体的免疫水平以及病原体的数目密切相关。

2. 病原生物的传播性 从流行病学来看，病原生物往往还具有传播性的特点。传播性的三个重要环节：传染源、传播途径和易感人群。其中传播途径可分为垂直传播（又称母婴传播）和水平传播。按照传播媒介的不同，水平传播又可分为经空气、经水、经食物、经土壤、经媒介节肢动物、经人体接触传播等。

3. 病原生物的寄生性 从广义上讲，我们所认为的病原生物都属于寄生生物，因此病原生物所具有的另一大特性便是寄生性。寄生生物通常具备的宿主选择性和组织器官的特异性，寄生于特定宿主和器官，为自己生长繁殖提供营养和场所，而一旦其突破宿主屏障，可导致人类的感染和异位寄生。

4. 病原生物的抗原性 病原生物的抗原性是机体免疫系统抵抗病原生物感染的基础。

5. 病原生物的变异性 在机体和病原生物的长期对抗中，我们机体建立了一套抵抗病原生物免疫防御机制，而与之对应的是病原生物也形成了一些免疫逃避机制，而变异是其逃避机体免疫攻击的重要手段。

6. 病原生物的季节性和地方性 病原生物自身以及媒介生物和中间宿主的生长活动会受到温度、湿度、降雨等自然因素影响，而且人群的生产方式和生活习惯也会影响到病原生物的传播，这导

致有些病原生物表现出季节性和地方性的特点。

（二）常见病原生物分类

病原生物种类繁多，按其生物学特征可分为 5 类（表 1-7-1），其中非细胞型、原核细胞型以及真菌被统称为病原微生物，原虫以及后两类被称为寄生虫。

表 1-7-1　常见病原生物分类

类型	主要病原生物
非细胞型	病毒、朊毒体
原核细胞型	细菌、支原体、立克次体、衣原体、螺旋体和放线菌等
真核细胞型	真菌和原虫
多细胞蠕虫型	吸虫、绦虫、线虫等
节肢动物	蚊、蝇等

虽然病原生物种类繁多，但是根据既往报道，我国矿山行业常见的病原微生物所致损害多以病毒、细菌、真菌和寄生虫为主。且随着我国相关疾病预防法律法规和安全生产管理等制度的制定和落实，目前我国矿山行业很少发现特定病原生物感染引发的疾病暴发。但是矿山的工作生活中，人体暴露于病原生物是常见的现象，因此我们仍有必要了解其相关知识，做好防护。

二、矿山行业常见的病原生物危害

（一）矿山行业常见病原生物概述

我国矿产资源丰富，在地域分布上非常广泛，因此我国矿山行业的作业环境也相对多样。不同的作业环境中，工作人员所能接触到的病原生物的种类和数量也大不相同。例如露天作业环境中，地质野外作业的从业人员，经由蚊虫叮咬可导致感染致病性微生物（如患森林脑炎是由黄病毒属中蜱传脑炎病毒，也称森林脑炎病毒感染引起），也可由于接触牧区中的携带病原微生物的牲畜而感染一些人畜共患病（如炭疽是由炭疽杆菌引起）。而在井下工作环境中，从业人员长时间处于潮湿、燥热的工作环境中，极容易引起细菌和真菌的滋生进而引发体表皮肤黏膜感染。其中细菌感染常表现为角膜炎、毛囊炎、中耳炎、尿路感染、皮疹以及皮炎等一系列皮肤性疾病，而真菌感染临床表现则以头癣、体癣、股癣、足癣等为主（图1-7-1）。

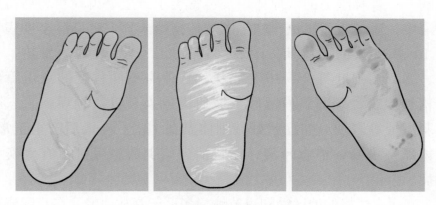

图 1-7-1　微生物感染中常见的足癣

此外，由于矿山行业从地质勘探、矿井开采、矿物运输等多个环节均存在意外伤害因素和安全隐患，因此从业人员机体在工作时或多或少因意外造成组织和脏器严重受损，这结合长期高强度劳动等将导致机体免疫失衡下降，进而导致病原菌累积单个或多个脏器的感染性疾病。其中以肺部感染为主，常见有肺结核、克雷伯杆菌肺炎等。

除了以上情况，矿山行业职工另一种常见的病原微生物损害是由于食物不洁或工人用餐、饮水等卫生意识较差，导致的肠道病原微生物感染，常见的有霍乱弧菌导致的霍乱、伤寒杆菌引起的伤寒以及痢疾杆菌引起的细菌性痢疾等食物性中毒。

（二）矿山行业常见病原生物危害及预防

病原生物对于矿山行业从业人员的威胁，目前主要以病原微生物为主，我们将以感染途径较为常见的蜱传脑炎病毒、皮肤真菌感染、结核分枝杆菌和病害较为严重的炭疽等感染为例，简述病原微生物损害。

1. 蜱传脑炎病毒　蜱传脑炎病毒是可导致我国法定职业性传染病——森林脑炎的病原体。其可寄生于野生啮齿动物和鸟类的血液中，通过吸血昆虫（蜱）叮咬传播给人。人感染后至发病常有 10 ～ 15 天的潜伏期，随着病程进展，开始表现为发热、头痛、恶心、呕吐等全身中毒症状，且伴有不同程度的意识障碍和精神损害，颈部、肩部和上肢肌肉瘫痪，以及颈项强直、脑膜刺激征等表现。如症状好转则体温在 10 ～ 14 天后降至正常，肢体瘫痪恢复，神志转清，症状消失。少数患者可留有瘫痪后遗症。

本病有严格的地区性和季节性，多见于森林地带，在我国流行于东北和西北原始森林的春、夏季节，患者常为森林作业人员。因此矿山处于疫区及其周边的从业人员，需要做好以下几点防护：

（1）积极预防接种森林脑炎疫苗；

（2）维护好工作环境的卫生，加强防鼠灭鼠、防蜱灭蜱的工作；

（3）进入林区工作时需穿着防护服、防虫罩及高筒靴，防止蜱虫叮咬；

（4）常备应急治疗药品。

2. **皮肤癣菌** 皮肤癣菌是一组可引起皮肤感染的真菌。自然情况下，一些真菌可寄生在人体体表。当机体免疫水平下降，且矿井下作业工人的工作环境阴暗潮湿、防护用品使用情况较少、长期缺少阳光照射，导致井下作业的工人体表癣菌的大量滋生，侵入已死亡的皮肤组织或附属器（毛发、指甲等）引发皮肤癣菌病。

一般来说，癣菌是一种"机会主义"的病原体，当它们接触到一个有利的环境，就会在人体内生长进而感染皮肤的上层以及指甲或头发。常见的皮肤癣菌有三属（表 1-7-2）：

表 1-7-2 常见的皮肤癣菌

菌属	常见侵犯部位	代表菌种
毛癣菌属	皮肤、毛发和指甲	黄癣菌、红色毛癣菌、断发毛癣菌、紫色毛癣菌、石膏样毛癣菌等
孢子菌属	毛发和指甲	铁锈色小孢子菌、羊毛样小孢子菌等
表皮癣菌属	皮肤和指甲	絮状表皮癣菌（目前已知仅此 1 种）

上述三属的皮肤癣菌，感染人体后可引起皮损处的红斑、水疱、鳞屑和角化增厚，伴瘙痒、断发、脱发和甲板改变等。临床上按皮肤癣菌侵犯的部位分为头癣、体癣、股癣、手足癣、花斑癣和甲癣。在极少数情况下，真菌的过度生长，可能会导致严重感染，到达血液或内部器官。

皮肤癣菌是全世界广泛流行的浅部真菌病，在我国南方炎热潮湿地区发病率相对较高。此外，在潮湿阴暗环境作业的矿山行业工人的皮肤、指甲容易被感染。因为此病的发病率和复发率较高，因此疾病的预防有特别重要的意义。皮肤癣菌的预防要注意以下几个方面：

（1）鞋袜穿着要讲究，干燥透气常消毒；

（2）毛巾、鞋袜不共用，指（趾）甲要勤修剪；

（3）注意个人卫生，避免在容易接触到真菌的地方赤脚走路；

（4）人若感染了皮癣，要尽早治疗，坚持治疗，避免传染和扩散。

3. **结核分枝杆菌**　结核分枝杆菌可通过呼吸道、消化道或皮肤损伤侵入易感机体，引起多种组织器官的结核病，其中以肺结核最为常见。矿山行业职工的肺结核常属于继发性感染，多为原发潜伏病灶来源的细菌导致，少数是外来源性细菌感染。主要表现为低热、盗汗、咯血等症状。常呈慢性发病，少数急性发作。由于免疫以及治疗的差别导致出现多种不同类型的病灶。继发性结核病病灶排菌较多，因此对于疾病的传染控制意义重大。此外，部分患者结核分枝杆菌可进入血液循环引起肺内、外播散，如脑、肾结核，痰菌被咽入消化道也可引起肠结核、结核性腹膜炎等。

控制结核病主要方法有：发现和治疗痰菌阳性者在传染源上进行防控。我国早已开展预防结核的卡介苗接种。但是目前较普遍的看法是虽然接种后可以显著降低新生儿发病及严重性，然而尚不足以预防感染。

4. **炭疽**　炭疽是牛、马、羊等动物传染病，因感染途径不同，临床上常将炭疽分为 5 型，详情见表 1-7-3。针对炭疽预防的根本措施是对易感家畜定期注射炭疽芽孢疫苗。发生炭疽后应迅速查清疫情并报告疫情，划定疫区，实行综合防疫措施。

5. **布鲁氏杆菌**　除以上提及的病原微生物外，分布于牧区的矿山，其相关作业人员若频繁接触病畜或误食感染布鲁氏杆菌的肉、奶制品，可因此感染布鲁氏菌病（简称"布病"）。布鲁氏菌病在我国，羊是其主要传染源，其次是牛和猪。皮毛、肉类加工、挤奶等可经皮肤黏膜受染，进食病畜肉、奶及奶制品可经消化道传染。本病临床表现具有很大的差异性，一般临床表现为局部的脓

表 1-7-3 综合防疫措施

临床炭疽分型	常见感染原因	临床表现
皮肤炭疽	受伤的皮肤接触病畜死畜或含有芽孢的皮毛、土壤及一些皮革制品	通常发生于面部、手部等露出部位。常有头痛、关节痛、持续性高热、恶心、呕吐及全身酸痛等症状。少数严重的患者，局部红肿明显，形成大疱及严重坏死，更严重者可致人迅速死亡
肠炭疽	食入病畜、死畜的肉和喝了污染的水或病畜的奶及奶制品	突发高热、后续性呕吐、腹泻等严重的胃肠道症状。有时发生肝脾肿大，腹膜炎，患者可因毒血症、败血症及衰竭，在短期内死亡
肺炭疽	吸入带有芽孢的尘埃可能发生肺炭疽	发病急骤，有寒战高热等中毒症状。咳嗽胸痛、呼吸困难、咯血，可因呼吸循环衰竭在 24 小时内死亡
炭疽性脑膜炎	多为继发性	可出现剧烈头疼、呕吐、颈强直，脑积液多呈血性。病情凶险，多于 2 ～ 4 日内死亡
败血症型炭疽	多继发于肺炭疽或肠炭疽	可伴高热、头痛、出血、呕吐、毒血症、感染性休克、弥散性血管内凝血等

肿，严重者可表现出几个脏器和系统同时受累的临床症状。

6. **寄生虫** 除了上述病原微生物引发矿山行业从业人员的生物危害，另一大类较为常见的病原生物——寄生虫侵害的报道，多见于 20 世纪，且以蛔虫、钩虫等肠道寄生虫、疟原虫和棘球幼虫为主。虽然随着预防措施的开展和矿区作业环境、生活环境的卫生水平提高，近年来未见矿区大规模的寄生虫感染，但我们仍不可掉以轻心。因此我们需要对以上寄生虫有个简单的认识。

（1）蛔虫：蛔虫全称似蚓蛔线虫，"虫"如其名，是一种身形类似蚯蚓一样的寄生虫。其分布呈世界性，主要温带、热带、经济不发达、温暖潮湿和卫生条件差的国家或地区流行更为广泛。蛔虫感染多由于食用不洁净的水或食物，导致虫卵进入人体，在人体内发育为成虫。蛔虫感染在幼虫期可出现发热、咳嗽、哮喘、血痰等。而在成虫期患者常有食欲缺乏、恶心、呕吐，以及间歇性脐周疼痛等表现。

为预防蛔虫感染，要养成良好的卫生习惯，饭前便后洗手，生吃瓜果要洗烫，常剪指甲，不喝生水，不随地大小便，同时加强粪便管理。

（2）钩虫：钩虫是钩口科线虫的统称，属于肠道寄生虫。虫体前端较细，顶端有发达的"牙齿"，称为口囊，由坚韧的角质构成，寄生于人的十二指肠及小肠里。由于钩虫的虫卵孵出需要在温度25～30℃、湿度30%～50%、氧气充足、不受阳光直射的环境中，因此气温高、湿度大，阳光不能摄入的矿井，有利于钩虫病繁殖且传播。当虫卵在外界环境中孵出并发育为具有感染性的丝状蚴后，其可通过毛囊或破损处皮肤钻入人体，并在人体内移行，最后到达小肠发育为成虫。钩虫病的症状主要由幼虫及成虫所致，但成虫所致的症状较为长久和严重。幼虫可引发患者手指间、足趾间、足背等处的多发性皮炎，且患者伴有咳嗽、喉痒、声哑等；重者呈剧烈干咳和哮喘发作，痰内可出现血丝。成虫引起的症状，以上腹部不适和疼痛为主，伴有食欲减退、腹泻、乏力、消瘦等。病程较长者表现为进行性贫血。

在钩虫病预防方面，首先要积极治疗患者，以减少传染源；其次搞好粪便管理，修建无害化厕所或粪坑密封加盖，杀灭虫卵，防止污染；最后注意局部皮肤防护，如穿鞋、戴手套，或在手足裸露处涂抹 25% 的明矾水等。

（3）疟原虫：疟原虫种类繁多，寄生于人体的疟原虫有 4 种，即恶性疟原虫、间日疟原虫、三日疟原虫和卵形疟原虫，分别引起恶性疟、间日疟、三日疟和卵形疟。我国主要感染为恶性和间日疟疾。疟原虫感染发作，称之为疟疾，临床上表现为周期性寒热发作、头痛、出汗、肝脾肿大等。常因携带疟原虫的蚊虫通过叮咬人而引起疾病传播，因此预防疟原虫感染的预防办法就是蚊媒防制和预防服药。

（4）包虫：对于紧邻牧区的矿山行业的从业人员来说，另一常见的职业性传染病——包虫病，也需要警惕。包虫病是棘球绦虫的蚴虫（棘球蚴、包虫）寄生于人体组织所致的人兽共患慢性寄生虫病。包虫病是由棘球属虫种的幼虫所致的疾病，虫种有细粒棘球绦虫、多房棘球绦虫、伏氏棘球绦虫和少节棘球绦虫。其形态、宿主和分布地区略有不同，以细粒棘球绦虫最为常见。犬是主要传染源。因此人与犬密切接触、其皮毛上虫卵污染手指后经口可导致直接感染。虫卵污染蔬菜或水源，也可造成间接感染。在干燥多风地区虫卵随风飘扬，也有经呼吸道感染的可能。目前对于在疫区工作的矿山行业的从业者来说，免疫预防是防止包虫病流行比较理想的途径。

7. **冠状病毒** 冠状病毒是一个大型病毒家族，已知可引起感冒及中东呼吸综合征（Middle East respi-ratory syndrome，MERS）和严重急性呼吸综合征（severe acute respiratory syndrome，SARS）等较严重疾病。

目前我国的疫情已得到有效控制，但是在国际大流行的背景下，病毒新型变异株不断出现，疫情防控不可掉以轻心。因此我们在积极接种新冠疫苗的同时仍需佩戴口罩、多洗手、勤消毒、室内多通风等防护措施。总之，面对自然界中无处不在的病原生物，矿

山行业的从业者应当时刻保持警惕。

（周强　姚三巧）

第八节　职业伤害

一、矿山行业职业伤害定义

在职业健康中，伤害的定义与医学或其他卫生专业不同。在职业卫生方面，保险部门需要进行统计分类，严重影响了伤害的定义。出于职业健康目的，伤害是一种由单一事件引起的疾病，通常是由创伤造成的，但有时是由其他物理或化学因素造成的，通常会立即导致损害或损伤。疾病是一种随着时间的推移发展的，是长期和反复暴露的结果。因此，由慢性劳损或重复运动引起的肌肉骨骼损伤称为疾病。由创伤引起的肌肉骨骼损伤和由单一事件引起的损伤称为伤害。同样，一段时间内化学暴露或慢性中毒引起的机体不适称为疾病。由化学烧伤或急性毒性引起的机体不适称为伤害。中毒可被视为伤害或疾病，这取决于它们是急性还是慢性发生的。

本章主要涉及创伤性伤害。严重伤害造成对残疾的影响远远超过工作时间，因为它直接会影响个人的收入。

二、矿山行业职业伤害种类

矿山行业职业伤害种类

1. 坍塌　在露天矿山主要表现为边坡失稳和破坏；坍塌是露

天矿山的主要危险因素之一，发生事故的后果是造成重大人员伤亡和设备、设施损坏，对生产企业造成重大经济损失。防范措施：生产作业中与边坡和架头等存在坍塌危害区域保持安全距离，作业前对现场做好安全检查确认。

2. **爆炸** 爆破伤害，指爆破作业过程中发生的伤亡事故。发生在装药爆破的工作面。装药爆破影响范围内的装运场地和破碎场所、爆破器材加工场所等。爆破伤害事故一旦发生，将会造成人员严重伤害或死亡，或者对设备、设施等造成严重毁坏。防范措施：严格遵守爆破作业规程，严禁无证人员参与爆破作业，严格执行爆破安全警戒。

3. **物体打击** 物体打击事故是指物体在重力或其他外力的作用下产生运动，打击人体造成人身伤亡事故。一旦遭受物体打击其后果是人员的伤亡和物品的损毁。防范措施：严格遵守安全操作规程，远离可能存在打击的运行中的物体。

4. **高处坠落** 高处坠落指在高处作业中发生坠落造成的伤亡事故。可能发生高处坠落事故的场所：剥离作业面、凿岩作业面、作业平台、采场边坡、破碎平台等作业面；高处坠落造成的事故的后果是人员伤亡和设备损坏。防范措施：严格遵守高空作业安全规程，正确使用高空作业安全绳、安全帽、安全网等防护工器具。

5. **车辆伤害** 车辆伤害事故指企业机动车辆在行驶中引起的人体坠落和物体倒塌、坠落、挤压伤亡事故。车辆伤害后果是人员的伤亡和设备物品的损毁。防范措施：遵守交通规则，严禁违章驾驶。

6. **机械伤害** 机械伤害事故是指机械设备运动（静止）部件、工具、加工件直接与人体接触引起的夹击、碰撞、剪切、卷入、绞、碾、割、刺等伤害。可能发生机械伤害事故的场所：剥离过程、凿岩及凿岩台阶、设备检修及检修场所、破碎过程、运输过

程等。机械伤害的主要后果是造成人员伤亡，其次是对物件的损坏。防范措施：严禁接触运行中的设备，完善运转部位的安全防护设施。

7. **矿山火灾**　矿山火灾是指矿山企业内所发生的火灾。矿山火灾可能发生在空压机房、机修车间、综合材料库、油库、生产办公区域和变压器等用电部位。火灾事故的主要后果是造成人员伤亡和财产损失。防范措施：严格做好火灾消防预防工作，确保现场消防器材和设施完好有效。

8. **容器爆炸**　压力容器爆炸是指压力容器破裂引起的气体爆炸（物理性爆炸）以及容器内盛装的可燃性液化气在容器破裂后，与周围的空气混合形成爆炸性气体混合物遇到火源时产生的化学爆炸。容器爆炸的后果是人员伤亡和设备损坏。防范措施：严格遵守压力容器使用规程。

9. **触电伤害**　触电事故是指由于电流流经人体导致的生理伤害，包括雷击伤亡事故。触电伤害的后果是直接造成人员伤亡事故。防范措施：严格遵守电气操作安全规程，严格无证从事电气作业。

10. **其他伤害**　①雨天、冰冻天气作业场地不平，道路潮湿、废石场黏滑等可能引起人员滑倒、摔伤、扭伤等；②作业场地狭窄、作业安全距离不够，可能发生碰撞挤压事故；③设备启动时未发信号或信号不清，指挥或操作不当引发事故等；④作业人员思想不集中，或酒后作业等引发事故；⑤未正确穿戴和使用劳动防护用品或未正确使用工器具等引发事故。防范措施：严格遵守和落实相应安全防范措施，严禁违章指挥、违章作业、违反劳动纪律。

三、矿山行业职业伤害模式

创伤性肌肉骨骼损伤是最常见的职业性疾病。大多数职业伤害与在运动或日常生活中发生的伤害非常相似。它们的不同之处在于职业伤害与工作有关，通常可通过特殊的保险系统来处理（如工人的补偿措施），且所有职业伤害都是可预防的（图 1-8-1）。

图 1-8-1　腕管综合征

这名工人患有腕管综合征，正在使用夹板减轻疼痛。由于腕部狭窄的空间肿胀，当中枢神经而受到压迫时，就会造成这种疾病。它可能许多疾病的发生相关联，但也是一种重复性劳损，在长时间使用键盘和鼠标而得不到充分休息，工作场所基础设施设计不满足人体功效学时，也可导致此类疾病。

大约四分之一的人受伤部位在背部和颈部。背部受伤造成了超过 40% 的索赔，并且尚有大量的投诉没有被报告。其次是手部受伤，约占所有职业伤害的五分之一。其余的则分布在身体的其他部位。损伤可以以各种方式进行分类，但通常用以下术语来描述：

1. 软组织损伤（肌肉、关节韧带或肌腱有损伤）是迄今为止最常见的职业损伤，约占总损伤总数的 40%。

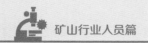
2．骨折（当骨骼骨折时）仅占职业伤害的 10% 左右。

3．脱臼（当关节发生分离时）。

4．穿透伤（例如，当工人踩到钉子上时）。

5．挤压伤（因压力造成的伤害）。

6．撕裂伤（有伤口或开放性的伤口）。

7．坠落（从高处掉落到低处）。

8．头部损伤（这意味着有脑损伤的风险）。

9．多重创伤（发生在严重事件中，通常涉及机动车辆）。

10．烧伤（可能是热伤、电或皮肤化学损伤的结果）并不常见（小于 5%），但往往很严重。

（王永斌　任文杰）

第九节　社会心理因素

一、社会心理因素概述

社会心理因素是社会环境中普遍存在的、能导致人的心理应激从而影响健康的各种社会因素和心理因素的总和。研究表明，与生化、遗传、免疫等因素相同，社会心理因素在疾病的产生、发展、治疗和预防中也起到非常关键的作用。社会心理因素是应激反应的主要应激源，尤其是社会文化、社会关系、社会工作及生活环境等，这种变化能导致人们心理应激，通过中枢神经系统、内分泌系统和免疫系统对机体产生作用，当这种心理应激强度和时间达到一定程度，一旦超出机体的调节能力就会导致精神上或躯体上的疾病。

二、矿山行业社会心理因素的来源

矿山行业是一个综合性的技术行业，涉及地质、采矿、通风、运输、安全、机电、电气、爆破、环境保护及企业管理等多方面的内容，其工作本身属于高危行业，工作环境复杂，诸多因素会对矿山行业工作人员健康产生损害，尤其是社会心理因素的存在，会使矿山行业工作人员产生巨大精神负担，巨大精神负担下极易产生负面情绪，影响工作人员的心理健康。而人是职业活动中的决定因素，会对外界各种刺激作出反应（包括心理反应），而这种反应必然会对其从事的工作产生影响。当人的内在反应与外部环境相"匹配"时，其行为表现为"正确"，当人的内在反应的某些要素与外部环境的某些要素发生冲突时，其行为表现为"失误"，在遇到突发事件很容易产生应对错误或不当而产生经济和健康的损失（图 1-9-1）。

图 1-9-1　社会心理因素与突发事件的关系

矿山行业社会心理因素的来源众多，主要归类于以下几方面：

（一）社会因素

现代社会是信息高速发展的社会，随着时代发展，生活节奏加快，技术更新换代，以及对生活"高层次、高质量"的追求，矿山行业工人的压力逐渐增大。同时，自动化程度大大增强，这种改变让工作变得枯燥单调乏味，很容易产生精神懈怠或者精神压力增加，造成心理应激的出现。另外，如果一味强调"任劳任怨、默默奉献"等一系列不合理的企业文化，导致超时、超强度劳动情况不断发生，矿山行业工人的工作付出长期大于工作回报，也会造成心理应激的出现。

（二）作业因素

矿山行业工人在工作中面临多种恶劣的环境因素，如高温、高湿、噪声、照明不足、通风不畅、粉尘及有害气体等，安全隐患（瓦斯爆炸、煤尘爆炸、煤与瓦斯突出、中毒、窒息、火灾、透水、顶板冒落、冲击地压等）发生的概率增加，长期处于这种环境中的工人生理和心理就会受到压力，对健康产生损害，甚至影响他们的行动与行为，发生工作偏差、工作错误的概率增加。

另外，对于矿山行业工人来说，一般实行"三八"工作制，但是由于其生产的特殊性，比如往返工作界面所需时间较长，以及大量的工作准备时间，矿山行业工人每天的工作时间在 10 ～ 12 小时，甚至部分一线员工的工作时间达到每天 13 ～ 14 小时以上。再者，大多数矿山行业实行内部市场劳动定额管理，员工的报酬为计量工资，为了取得最大的利益，迫使工人长时间井下作业，甚至超出工人能力生产，同时，工人为了获得更多的收入，从而增加工作时间和单位时间工作量。另外，矿山行业一线员工工作姿势一般是长时间站立，甚至是蹲着，工人体力消耗过大，休息时间不足。

基于以上矿山行业特殊的生产方式和恶劣的作业环境，造就了矿山行业工作人员工作具有劳动强度大、安全系数低、工作时间长的特点。如果工作时间长、工作量大、劳动强度过大、单调重复性工作或轮班劳动过于频繁等都会使工人疲劳得不到很好的恢复，尤其是大脑一直处于麻痹或者抑制状态，注意力、肌肉工作能力、动作的正确性以及反应速度都会降低，这些均会导致工人体能消耗过大，心理应激增加，继而出现感知意识降低，行为失调，最终发生错误操作。

（三）家庭因素

良好的家庭环境氛围，能使人产生乐观向上的积极心理，工作起来精力集中，得心应手，如果家庭环境氛围不佳，会带给人精神和身体的创伤，工人工作时由于心灰意冷、漫不经心，也容易酿成事故的发生。

矿山行业工作人员是社会群体中较为特殊的一部分，家庭生活一般有以下特点：年轻人多，处在婚恋期的人多，家庭负担重，夫妻两地分居多，子女多，夫妻感情纠葛、住房、经济等问题比较突出。同时，对于矿山行业一线员工来说，节假日上班是他们的常态，而且矿山大部分处于比较偏远的地区，大多和家人分居两地，能用于婚姻和家庭的时间有限，易造成家庭关系的不和谐。再者，职业生活以外的人际关系中所有不和谐的关系，诸如亲友亡故、失恋、家庭闹矛盾，邻里之间不团结等，都很容易催生烦闷、紧张、焦虑、抑郁等情绪，在生产活动中，就很容易导致心理应激的产生。

（四）个体因素

矿山行业工作人员大多来自农村，为获得更高的收入和更好的发展机会，实现自我价值，会不断付出劳动，自发加大工作量，但是一旦努力工作之后没有达到自己的预期目标或者没有得到更好的发展机会，容易产生极大的心理反差；再者，没有处理好人际关系，如同事或上下级之间、工作中受到处分或不公正批评，上下级关系不正常等；同时，矿山行业工作人员大多有喝酒、抽烟等不良生活习惯，很容易增加心理和身体双重负担，以上个体因素的存在

很容易导致心理应激的产生。

除了以上因素可以对矿山行业工作人员的心理产生影响外，安全立法执法和监察、企业的管理方式、规章制度、管理者的素质和文化氛围、企业和产品的社会声誉、企业的经济效益、企业的薪酬分配、生产工艺技术、矿工的学习、发展和晋升机会、矿工的厂服、通勤工具、住宿条件以及其他福利等，也都会对矿山行业工作人员的心理产生影响。

三、矿山行业社会心理因素的危害

作业负荷过重超出个人的能力，或与个人的愿望不相符合，或人际关系差，缺乏社会支持，不能从社会、家庭、同事处得到帮助均可造成心理冲突，另外，来源于家庭生活的刺激，比如家庭生活困难、家庭生活不完美、家庭人际关系不良、家庭成员的生病、亡故等，以及工业化和城市化的变迁过程中，城市人口密度剧增所导致的居住拥挤、交通事故、交通噪声、环境恶化、被迫迁移等问题，均可能给行业工人造成严重的心理负荷，超过人们的承受能力，使人们在生理、心理方面发生重大变化，甚至造成疾病。主要表现在心理的、生理的和行为的变化及精疲力竭等几个方面。

（一）心理反应

过度心理应激可引起人们的心理异常反应，主要表现在情感和认知方面：如易怒、易疲倦、记忆力下降、注意力不集中、工作满意度下降、感情淡漠、社会退缩，甚至出现抑郁、焦虑症状，个体应对能力下降。

（二）生理反应

主要表现为躯体不适，如血压升高、心率加快、尿酸增高等。

对免疫功能可能有抑制作用，导致血液中游离酸和高血糖素增高。

（三）行为表现

行为异常主要表现在个体和组织两个方面。个体表现主要有食欲缺乏、酗酒、频繁就医、滥用药物、逃避工作（怠工）等；组织上表现为生产能力下降、工作效率低下、事故发生率增高，甚至旷工等。

（四）精疲力竭

精疲力竭又称职业倦怠。有研究认为精疲力竭的发生是心理应激的直接后果，是个体不能应对心理应激的最重要的表现之一。主要包括三个层面：①情绪耗竭：指个体的情绪资源过度消耗，表现为精力丧失、疲乏不堪、体力衰弱和疲劳；②人格解体：是一种自我意识障碍（情感解体），表现为对工作对象的消极、疏离情绪反应以及麻木、冷淡、激惹的态度；③职业效能下降：表现为工作能力与效率降低，工作热情下降，缺勤甚至离职比例增加等。精疲力竭的后果是严重的，不仅会丧失工作能力，也可能危及生命。

四、矿山行业社会心理因素危害的影响因素

社会心理因素对矿山行业作业人员健康的影响有不可忽视的作用，其作用的大小在不同的个体和人群中有差异。社会心理因素刺激是否产生心理应激状态，是否影响健康与许多因素有关，如刺激量的大小、持续时间、作用方式等。社会心理因素刺激要达到一定的量，持续一定的时间才可能致病。不同质不同量，或者同质同量的刺激对于不同的个体，其产生的结果也可能完全不同。另一方面，还与个体的身体素质、神经类型、人格特点、认知水平、生活经验、思想修养、伦理道德观、信仰价值观等均有关。这些社会心

理因素的刺激所引起的心理反应累积到一定程度，超过自我调节能力时才会导致健康的损害。

（李海斌　姚三巧）

第十节　工效学因素

一、工效学因素概述

（一）人类工效学概念

人类工效学是以人为中心，将人、机器及环境作为一个整体进行研究，通过应用医学、测量学、工程学等多个学科的知识，明确三者的相互关系，设计出与人的生理和心理特点相适应高效能的系统，实现人在生产劳动中健康、安全、舒适、高效的一门科学。在矿山行业生产过程中存在的不良工效学问题不仅会影响到劳动生产效率，还会威胁工人健康。通过工效学评估找出矿山行业生产工具及场所的设计缺陷，不良的生产组织流程，从而提出干预措施，使矿山行业的生产装置及附属设施更好地匹配生产工人的特征。因此，在矿山行业中提高生产效率不仅是提高机械化水平，更需要提高生产过程中人类工效学水平，使人－机器－环境相适应，从而提高生产力。

（二）矿山行业中存在的人类工效学因素

近年来，矿山行业工作环境和工人安全都得到了极大的提高。

然而改进生产设备，提高作业环境安全性对提高矿山行业生产效率，保护劳动者健康都具有重要意义。矿山行业存在的不良工效学因素分布于各个工种，包括生理和心理影响。

1. **体力负荷过重** 矿山行业长期延长劳动者劳动时长是企业法人提高盈利的重要途径，也是造成工人伤亡事故突发的一个重要原因。在矿山作业中，凿岩、搬运、选矿、支护等皆为重体力高强度作业。人体工效学研究指出严格按照劳动工时制，劳逸结合是防止各类意外伤亡事故发生、保护劳动者的法律规定。

2. **不良姿势作业** 矿山工人在凿岩、搬运或搬举、选矿、检修等过程中因长期保持固定作业姿势，手持作业高度、手臂水平伸展距离、站位作业高度、视距和视角等不良姿势及搬举重物引起身体不适，如肩部、臂部、腰部肌肉或者骨骼的损伤。例如挂车、挖掘机、卡车等交通运输工具的长期驾驶可引起颈椎、臂部、腰部的肌肉损伤甚至压迫神经；工人长期站立可引起下肢静脉曲张；矿山工人的头上作业及视屏显示终端工作可引起颈部的肌肉劳损；手腕部过度弯曲和外展作业也可引起腕管综合征。

3. **矿山不良作业环境中物理因素** 矿山井下环境黑暗，工作强度大，照明、湿度、温度、噪声等物理因素造成工人职业紧张，心理压力大，过度劳累。此外，工人工作的重复性、注意力程度、与他人交流等因素使工人产生烦躁情绪，一些综合因素可引起健康危害。优化作业环境，提高劳动工效是使劳动者安心作业、安全生产、提高企业效益的基础和保障。

二、矿山行业中不良工效学因素导致的健康危害

在矿山行业中尽管大范围的机械化使用减轻了工人体力劳动，仍然存在重体力劳动的工种。矿山行业不良工效设计可造成职业工人健康危害。一些设计可能会影响工人的可见性，如椅子对操作员

来说太低，可能无法正确地透过工作间窗观察外部情况；一些悬架的设计重量如果未对作业人员的重量进行校正，则会放大振动，造成振动暴露。不良工效学因素导致肌肉骨骼损伤、下肢静脉曲张、扁平足、腹疝、脊柱弯曲、个别器官紧张、压迫和摩擦所致疾患等。

（一）肌肉骨骼损伤

肌肉骨骼损伤疾病当前在全世界受到关注，仍以矿山行业高发。在采矿业中存在过度的重体力劳动是重要的危险因素。机械自动化的操作往往会减少体力劳动，但也存在对健康的负面影响，如久坐工作机会的增加。此外，机械化设备的应用可能无法有效防止危害健康的物理因素，如由全身振动引起的健康问题。

长期、反复暴露于不良的工效学因素是导致肌肉骨骼损伤的重要因素。在矿山行业不良工效导致的职业工人肌肉骨骼损伤主要分布在打眼、出矿、钳工、起重、支柱等作业过程中。在矿山劳动中为了完成生产任务而克服外力负荷或需要保持一定的姿势或体位，以克服人体各部位所产生的重力而引起慢性肌肉损伤。在凿岩、选矿、碎矿、支护等作业过程中，常见的有站姿或坐姿时颈椎需要承受头部产生的负荷，腰椎需要承受腰以上身体各个部分产生的负荷，长时间负荷过重可能导致骨骼肌肉的慢性积累性损伤，主要包括肌腱炎、神经嵌压、肌筋膜疼痛等问题。

常用的肌肉骨骼损伤工效学预防措施如下：

（1）按照工效学原则改进矿山行业工作场所设施和设备。

（2）在组织生产劳动时，矿山企业合理安排工作任务、劳动强度、工作时间，以与工人的生理、心理能力相适应。调整作业制度、合理安排工作节奏、定期进行工种轮换、适当增加工休时间，以利于工人及时消除疲劳、恢复体力。

（3）加强体育锻炼，增加机体耐受力和抵抗力。矿山企业在常规的劳动安排中应设置工间操、工后操，劳动者个人也应形成自觉体育锻炼的意识，积极参加体育活动。

（4）提高劳动者工效学预防的意识，形成良好的作业习惯。对劳动者实施工效学有关知识的培训，可使劳动者充分了解肌肉骨骼疾病发生的原因及防护知识，可提高劳动者作业过程中的防范意识。

（5）加强专业的技能培训，进行规范操作。劳动者经过培训可提高职工的自我保健意识，掌握正确的作业方法、作业姿势，消除不良作业习惯带来的额外负担，减轻肌肉负荷与疲劳程度。

良好人体工效学条件下有利于预防肌肉骨骼损伤。通过设计出符合人体工效学、安全且美观的采矿工作场所有利于维护工人健康。运输车辆的驾驶舱、凿岩及选矿设备的新进引入应考虑员工的人体测量，例如女性通常比男性更轻、更矮。在高度自动化的工作系统中需要更加重视预防肌肉骨骼损伤，实现健康的劳动方式。

（二）脊柱侧弯

脊柱侧弯是指脊柱向一侧弯曲，同时伴有脊柱和胸廓的旋转，以及矢状面生理曲度的变化超过 10°。脊柱侧弯可能来自先天性，特发性，病理性以及手术所致的医源性等。除了先天发育不良导致的脊柱侧弯外，后天因素也是导致脊柱侧弯的重要原因，如坐姿不当、长期负重过重等。长期从事负重作业的体力劳动者，致使晚年往往容易导致脊柱侧弯，如右侧肩膀长期负重，导致脊柱向右侧弯曲。

脊柱侧弯与椎间盘磨损有关。在劳动过程中不恰当姿势导致脊椎管纤维的拉伸、撕裂和散开，逐渐累积，直到椎管不能够容纳填充材料，导致脊液漏出，局部逐渐变窄、变平而导致脊柱侧弯，有时也可能椎管膨胀或突出所致。由于脊柱关节面没有痛觉感受器，这种损伤具有隐匿性，可能人们感觉不到疼痛的情况下损伤已经发生了。

预防脊柱侧弯的方法是保持正确的站姿和坐姿。不良站姿和坐姿是非疾病性脊柱侧弯的主因之一。此外，预防脊柱侧弯还应加强身体锻炼，使两侧肌肉平衡，增强肌力，矫正不良习惯，进行纠正体态训练。

（三）扁平足

工作过程中足部长期承受较大负荷，矿山工人站姿工作、行走、搬运或需要经常用力踩动控制器，可使趾、胫部肌肉过劳，韧带拉长、松弛，导致趾弓变平，成为扁平足。扁平足的早期表现为足跟及跖骨头疼痛，随着病情继续发展，可有步态改变、下肢肌肉疲劳、坐骨神经痛、腓肠肌痉挛。严重时，站立及步行均出现剧烈疼痛，可伴有胫部水肿。

（四）器官紧张

器官紧张指的是在生产劳动中，频繁地使用个别器官系统，可造成这些器官系统处于生理过度紧张状态，甚至形成职业蓄积性损伤。在矿山行业中，手腕及手指的机械操控、长期驾驶等可引起器官紧张，导致关节炎、关节周炎及神经肌肉痛、痉挛。如指、掌频繁活动或前臂用力活动可引发腱鞘炎；腕、肘关节动作频繁而负重极大的工人，可患上踝炎；神经肌肉长期过度紧张，可致职业性神经肌肉痛；频繁精细的小动作可引起职业性痉挛。针对器官紧张的发病原因可以采取一些预防措施，按照人类工效学的原理组织合理的劳动过程，减轻过度体力劳动负荷，制订合理的操作流程。

（五）腹疝

腹疝多见于工人凿岩、搬运等长期从事重体力劳动者。由于负重或用力，使腹肌紧张，腹内压升高，长期作业可形成腹疝。其中脐疝和腹股沟疝比较常见，其次是股疝。一般无疼痛，对身体影响不大。劳动中突然发生的称为创伤性疝，疼痛剧烈，但很快可缓解或转为钝痛。

（六）压迫及摩擦引起的疾患

在矿山行业，掘进工及搬运工长期强烈的压迫或摩擦，四肢或躯干可形成胼胝及胼胝化，还可造成掌挛缩病和滑囊炎等。为防止压迫和摩擦所致的病变，应合理制作生产工具把手形状，经常接触身体的工具部分应包以软垫，及时发放个体防护用品等。此外，进行经常性的健康监测，根据工人的体质与健康水平，合理安排工作，预防职业病的发生。

（赵英政　常美玉　姚三巧）

第二章

矿山行业存在的突发事故

矿山行业就是与大自然作斗争，人们通过长期的探索自然，了解自然，征服自然，用智慧、血汗和财产总结出了一整套切实可行的《煤矿安全规程》（以下简称《规程》）。然而在具体的生产过程中，从业人员中往往还存在着对自然灾害认识不足，对专业知识掌握不全面，岗位技能水平不高，执行《规程》不严等因素。所以矿山行业的突发事故还是时有发生，给企业、个人、家庭带来不可估量的损失和痛苦。

第一节　瓦斯燃烧与爆炸

一、瓦斯的性质

1. 无色、无味、无臭，有时单独指甲烷。伴随着煤的生成而生成。它是煤矿安全生产的天敌，纵观全球煤矿群死群伤事故，大都是有瓦斯超限造成的。但随着人们对瓦斯治理的高度重视和科学防治，杜绝瓦斯超限，科学利用瓦斯已成为人们的共识。检查空气中瓦斯浓度，必须依靠专用瓦斯检测仪。

2. 比空气轻，对空气的相对密度为 0.554，在风速低的情况下它会聚集在巷道顶部、冒落空洞和上山迎头等处，所以必须加强对这些部位的瓦斯检查和处理。

3. 有很强的扩散性，一处有瓦斯涌出，就能扩散到整条巷道。

4. 渗透性很强，在一定瓦斯压力和地压的共同作用下，瓦斯能从煤、岩和采掘空间大量、迅速从裂隙中喷出，即瓦斯喷出。短时间内煤岩与瓦斯突然由煤层或岩层一起，即煤、岩和瓦斯突出。

5. 具有燃烧和爆炸性，当瓦斯与空气混合达到一定浓度时，遇到引爆热源就能引起燃烧和爆炸。

6. 当井下空气中瓦斯浓度较高时会相对降低空气中的氧气浓度，使人窒息死亡。

二、瓦斯来源

最主要的是煤层中的游离态瓦斯和可解析的瓦斯，主要来源：采、掘工作面的煤壁，地质构造裂隙，煤巷两帮及顶、底板；采落煤炭，采空区煤壁，邻近煤层（图 2-1-1）。

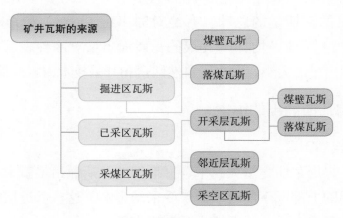

图 2-1-1 煤矿瓦斯的来源

三、瓦斯含量

瓦斯含量指在矿井大气条件下，环境温度 20℃，环境大气压力 0.1MPa，1t 或 1m³ 煤中所含瓦斯的体积数量，它是游离瓦斯和吸附瓦斯含量的总和。

四、影响煤体瓦斯含量的因素

1．煤田越古老，瓦斯生成量就越大。

2．煤层的瓦斯含量随着深度的增加而逐渐增大。其次是煤层的倾角，倾角越小，瓦斯含量就越大。

3．煤层围岩致密完整，煤层中的瓦斯就容易保存下来，反之，瓦斯容易逸散。

4．开放性断层有利于瓦斯排放，瓦斯含量减少；压性断层甚至可以封闭贮存瓦斯，称之为封闭性断层，其瓦斯含量增大。

5．煤层含水越大，瓦斯相应就越少。

五、矿井瓦斯涌出量

是指煤层开采过程中，单位时间内从煤层本身、围岩和邻近煤层涌出的瓦斯量的总和，有绝对涌出量（m³/d）和相对涌出量 [m³/（d·t）]（即平均日产 1t 煤的瓦斯涌出量）两种表示方法。矿井瓦斯涌出量的大小，取决于自然因素和开采技术因素的综合影响。

影响瓦斯涌出的因素

1．自然因素

（1）煤层瓦斯含量大，采、掘地区的瓦斯涌出量就大；但当开采本煤层的上部或下部时，由于受采动影响，这些邻近层内的瓦斯就会涌进开采空间，从而增大瓦斯涌出量。

（2）大气压力的变化：地面大气压力降低或升高，相应会使矿井瓦斯涌出量增大或减小。

（3）地质构造：当采掘工作面接近地质构造时，开放性构造裂缝有利于瓦斯排放，封闭性构造裂缝有利于瓦斯积聚。

2. 开采技术因素

（1）开采规模：开采越深，煤层的瓦斯含量越高；开拓与开采的范围越广，矿井瓦斯的涌出量也就越大；绝对瓦斯涌出量随采煤产量的增加而增加。

（2）开采顺序与回采方法：回采的煤层（或分层）除基本煤层（或本分层）瓦斯涌出外，邻近层（或未开采的其他分层）的瓦斯也会通过回采产生的孔洞与裂隙渗透出来，使瓦斯涌出量增大。

（3）生产工艺过程：同一工作面内，落煤时的瓦斯涌出量总是大于其他工序时的瓦斯涌出量。

（4）风压与风量。

（5）采空区的密闭质量不好。

六、瓦斯爆炸的条件及影响因素

（一）瓦斯爆炸的必要条件

①瓦斯浓度达到：5% ～ 6% 至 14% ～ 16% 时；②高温火源：一般认为是 650 ～ 750℃；③氧气浓度：混合气体中不低于 12% 时，具有爆炸性，三者缺一不可（表 2-1-1）。

1. 瓦斯爆炸浓度界限 瓦斯与空气混合，按体积计算瓦斯浓度达 5% ～ 16% 时，具有爆炸性。但这个界限不是固定的，如有别的燃烧气体或煤尘混入，或温度、压力增加后，瓦斯爆炸界限就会扩大，瓦斯浓度不到 5% 也可能发生爆炸，超过 16% 爆炸的可能性会更大。

表 2-1-1　爆炸性混合物的爆炸性技术参数

爆炸性混合物	爆炸极限 /%	自然温度 /℃	爆炸压力 / MPa	最大安全实验间隙 /mm	最小点火能量 /mJ
甲烷	5.0 ～ 15.0	537	0.72	1.14	0.280
丙烷	2.1 ～ 9.5	466	0.90	0.92	0.260
乙醚	1.7 ～ 48.0	170	0.92	0.87	0.190
乙烯	2.3 ～ 36.0	425	0.80	0.65	0.060
氢	4.0 ～ 75.0	560	0.74	0.29	0.019
乙炔	1.5 ～ 82.0	305	1.03	0.37	0.019

2. 点燃瓦斯的火源　引爆火源温度为 650 ～ 750℃，且火源存在时间大于瓦斯爆炸感应期（瓦斯与火源接触，并不立即燃烧、爆炸，而是经过一个很短的时间间隔，间隔的这段时间称感应期）。

点燃温度的高、低还与瓦斯的浓度有关（表 2-1-2）。

表 2-1-2　瓦斯浓度与点燃温度的关系

瓦斯浓度 /%	2.0	3.4	6.5	7.6	8.1	9.5	11.0	14.7
点燃温度 /℃	810	665	512	510	514	525	539	565

3. 氧的含量　在空气与瓦斯混合气体中，如果氧气含量低于12% 时，混合气体就会失去爆炸性。空气中氧气的含量是 21%，我国规定：矿井井下采掘工作面的进风流中，按体积计算，氧气的含量不得低于 20%。

以上三个条件，只有在同一时间、同一空间集合在一起时，才会发生瓦斯爆炸事故。

（二）瓦斯爆炸前的预兆

瓦斯爆炸前现场作业人员能感觉到附近空气有颤动的现象发

生，有时还发出"咝咝"的空气流动声音。这可能是爆炸前爆源吸入大量氧气所致，说明马上就可能要瓦斯爆炸，应立即停止作业，迅速撤离，并立即向有关部门报告。

（三）瓦斯爆炸的危害

矿井瓦斯爆炸危害性，主要表现在以下几个方面：

1. **产生高温** 在井下发生瓦斯爆炸的瞬间，温度可高达 1 850～2 650℃，高温度对人和井下设备有极大危害。

2. **产生高压** 爆炸后空气的压力平均为爆炸前的 9 倍，因而井下如发生瓦斯连续爆炸，则爆炸后的空气压力会越来越高，对矿井的破坏也就越来越严重。

3. **产生大量剧毒的一氧化碳** 由于井下空间小，所能提供的氧气有限，因而爆炸所导致的化学反应并不完全，会产生大量的有剧毒的一氧化碳气体，这是造成爆炸后人员大量伤亡的主要原因。

4. **产生冲击波** 冲击波会使井下巷道大量冒顶塌落，毁坏设备，给国家造成巨大的物质财富损失。

七、瓦斯爆炸事故的预防

（一）防止瓦斯积聚

瓦斯抽放 在开采之前，将瓦斯从煤层中抽出来，排放到地面，还可作为燃料，变害为益，这是治理瓦斯最有效也是最根本的措施。

（1）**加强通风：**采用机械通风和实施分区通风，保证风量，风速符合《煤矿安全规程》要求。利用新鲜空气稀释瓦斯、降低瓦斯浓度，并用回风流将瓦斯排出矿井。

（2）**适时监测监控：**矿井必须安装瓦斯监测监控系统，在井下采掘工作面及需要检测瓦斯的地点安设多功能探头，24小时不间断监测井下瓦斯浓度，通过瓦斯监测监控系统对全矿井瓦斯进行准确、及时的监测监控，以便有针对性地进行风量分配和调节，从而可以使瓦斯聚集超限得以及时、有效处理。瓦斯检查工要确实履行职责，在放炮前、后和主要作业地点，利用瓦斯检测仪检测瓦斯浓度，确保作业地点瓦斯不超限。

（3）**及时处理：**对局部有瓦斯积聚的，必须按照瓦斯排放管理制度和局部瓦斯积聚的处理方法及时进行处理。

（二）消除引爆火源

1. 加强明火管制　严禁携带烟草和火种下井。井下严禁使用电炉和灯泡取暖。井口房和瓦斯抽放泵房、通风机房20m范围内严禁使用明火。井下需要进行电、气焊或喷灯焊接时，严格遵守《煤矿安全规程》相关规定，完善措施，并按措施认真执行。

2. 严格执行放炮制度　爆破工要持证上岗。爆破作业严格执行"一炮三检"制度。电雷管、炸药的使用必须符合《煤矿安全规程》的规定。坚持使用水炮泥，严禁明火放炮和糊炮。

3. 防止电气火花　井下使用的电气设备必须符合《煤矿安全规程》的规定。机电设备必须设有过流、漏电和接地装置。检修电气设备、设施时，必须先检查瓦斯，严禁带电作业，严格作业程序。严禁在井下拆开、敲打和撞击矿灯灯头和灯盒。

4. 防止静电火花　严禁穿化纤衣服下井。严防机械摩擦和撞击产生火花。在摩擦发热部件上设置过热保护装置和温度检测报警断电装置。禁止使用磨钝的截齿，并在截槽内喷雾洒水。工作面遇到坚硬夹石或硫化铁夹层时，不能强行截割，应爆破处理。矿井中使用的洒水管、排水管、压风管、喷浆管、抽放瓦斯管等管子的管壁表面电阻应大于规定值。

5. 建立井下紧急避险系统、压风自救系统，以保证发生事故时相关人员的避难，减少伤亡损失（图 2-1-2）。

图 2-1-2 煤矿井下安全避险六大系统

6. 编制灾害防治、处理计划及事故应急预案，并组织演练，提高逃生能力。

（闫逢杰　王聚涛）

第二节　煤与瓦斯突出

煤（岩）与瓦斯（二氧化碳）突出是指地应力和瓦斯气体压力共同作用下，破碎的煤岩与瓦斯瞬间由煤、岩体内突然喷出到采掘空间的现象。是一种破坏力极强的动力现象，常发展成较大事故。由于强大的能量释放，能摧毁井巷设施，破坏通风系统，造成人员窒息，甚至引发火灾和瓦斯、煤尘爆炸等二次事故，严重时会导致整个矿井正常生产系统瘫痪。

一、煤与瓦斯突出征兆

可分为无声预兆和有声预兆。

（一）无声预兆

1. 煤层结构发生变化，层理紊乱，煤层由硬变软、由薄变厚，倾角由小变大，煤由湿变干，光泽暗淡，煤层顶、底板出现断裂，煤岩严重破坏等。

2. 工作面煤体和支架压力增大，煤、岩壁开裂掉渣、底鼓，岩、煤自行脱落、煤壁颤动、钻孔变形等。

3. 瓦斯涌出异常，忽大忽小，煤尘增大，气温异常，气味异常，打钻喷瓦斯、喷煤粉并伴有哨声、蜂鸣声等。

（二）有声预兆

煤爆声、闷雷声、深部岩石或煤层的破裂声、支柱折断等。

特别注意：任何一次突出前，并不是所有预兆都出现，仅出现其中一种或数种，而且有的预兆还不明显，也有的预兆距发生突出的时间很短。因此发现任何预兆，都要格外警惕，及时报告和躲避，熟悉和掌握预兆，对于及时撤出人员、减少伤亡具有重要意义。

二、煤与瓦斯突出的危险性预测

突出危险性预测分为区域突出危险性预测和工作面突出危险性预测两类。

1. 区域突出危险性预测（简称"区域预测"），主要预测煤层和煤层区域的突出危险性。突出矿井经区域预测后，把突出煤层划分为突出危险区和无突出危险区。未进行区域预测的区域为突出危险区。区域预测分为新水平、新采区开拓前的区域预测和新采区开拓完成后的区域预测。

2. 工作面突出危险性预测也称为点预测或日常预测，主要预测掘进工作面、回采工作面、石门揭煤、斜井揭煤、立井的突出危险性。工作面预测必须在工作面推进过程中进行。采掘工作面经工作面预测后划分为突出危险工作面和无突出危险工作面。未进行工作面预测的采掘工作面，为突出危险工作面。

三、煤与瓦斯突出的防止措施

突出矿井应当根据实际情况和条件，制订区域综合防突措施和局部综合防突措施。

区域防突措施是指在突出煤层进行采掘前，对突出煤层较大范围采区的防突措施。区域防突措施包括开采保护层和预抽煤层瓦斯2类。开采保护层分开采上、下保护层2种方式。预抽煤层瓦斯可采用的方法：地面预抽瓦斯、井下穿层钻孔预抽煤层瓦斯和顺层钻孔预抽瓦斯等。

局部综合防突措施包括预震动爆破、水力冲孔、金属骨架、煤体固化、注水湿润煤体或其他经实验证实有效的防突措施。

（闫逢杰　王聚涛）

第三节　煤尘爆炸

一、煤尘的产生及危害

煤尘是煤矿采掘过程中产生的以煤炭为主要成分的细微颗粒。

沉积于器物表面或井巷四壁之上的煤尘为落尘；悬浮井巷空间空气中的煤尘为浮尘。落尘与浮尘在不同的风流环境下是可以相互转化的。

煤尘的危害主要表现为：易导致职业病；有爆炸性的煤尘可以爆炸；污染井下环境和设备，影响安全生产。

二、煤尘爆炸的机制及特征

煤尘爆炸的机制

煤尘爆炸是在高温或一定点火能热源的作用下，空气中氧气与煤尘急剧氧化的反应过程，是一种非常复杂的链式反应，一般认为其爆炸机制及过程如下：

1. 煤本身是可燃物质，当它以粉末状态存在时，总表面积显著增加，吸氧和被氧化的能力大大增加，一旦遇到火源，氧化过程迅速展开。

2. 当温度达到 300～400℃时，煤的干馏现象急剧增强，放出大量的可燃性气体，主要成分为甲烷、乙烷、丙烷、丁烷、氢和 1% 左右的其他碳氢化合物。

3. 形成的可燃气体与空气混合后在高温作用下吸收能量，在尘粒周围形成气体外壳，即活化中心，当活化中心的能量达到一定程度后，链反应过程开始，游离基迅速增加，发生了尘粒的闪燃。

4. 闪燃所形成的热量传递给周围的尘粒，并使之参与链反应，导致闪燃过程急剧地循环进行，当燃烧不断加剧使火焰速度达到每秒数百米后，煤尘的燃烧便在一定临界条件下跳跃式地转变为爆炸。

三、煤尘爆炸的特征

（一）形成高温、高压、冲击波

煤尘爆炸火焰温度为 1 600 ～ 1 900℃，爆源的温度达到 2 000℃以上，这是煤尘爆炸以自动传播的条件之一。在矿井条件下煤尘爆炸的平均理论压力为 736kPa，但爆炸压力随着离开爆源距离的延长而跳跃式增大。爆炸过程中如遇障碍物，压力将进一步增加。在瓦斯矿井中则可能发生瓦斯、煤尘混合爆炸。

（二）煤尘爆炸具有连续性

由于煤尘爆炸具有很高的冲击波速，能将巷道中落尘扬起，甚至使煤体破碎形成新的煤尘，导致新的爆炸，有时可如此反复多次，形成连续爆炸。连续爆炸时，后一次爆炸的理论压力将是前一次的 5 ～ 7 倍。煤尘爆炸产生的火焰速度可达 1 120m/s，冲击波速度为 2 340m/s。这是煤尘爆炸的重要特征。

（三）煤尘爆炸的感应期

煤尘爆炸也有一个感应期，即煤尘受热分解产生足够数量的可燃气体形成爆炸所需的时间。根据试验，煤尘爆炸的感应期主要取决于煤的挥发成分含量，一般为 40 ～ 200ms，挥发成分越高，感应期越短。

（四）挥发成分减少或形成"粘焦"

对于气煤、肥煤、焦煤等粘结性煤的煤尘，一旦发生爆炸，一部分煤尘会被焦化，粘结在一起，沉积于支架的巷道壁上，形成煤尘爆炸所特有的产物焦炭皮渣或粘块，统称"粘焦"，这是判断井

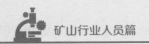

下发生爆炸事故时是否有煤尘参与的重要标志。

（五）煤尘爆炸时产生大量的 CO

在灾区气体中 CO 浓度可达 2%～3%，最高达 8% 左右，爆炸事故中受害者的大多数（70%～80%）是由于 CO 中毒造成的。

四、煤尘爆炸的条件

煤尘爆炸必须同时具备四个条件：煤尘本身具有爆炸性；煤尘达到一定的爆炸浓度；存在能引燃的高温热源；足够的氧气含量。

（一）煤尘的爆炸性

煤尘具有爆炸性是煤尘爆炸的必要条件。煤尘爆炸的危险性必须经过试验确定。

（二）悬浮煤尘的浓度

井下空气中只有悬浮的煤尘达到一定浓度时，才可能引起爆炸。煤尘爆炸的浓度范围与煤的成分、粒度、引火源的种类和温度及试验条件等有关。煤尘爆炸的上限浓度为 $1\,000～2\,000\text{g/m}^3$，下限浓度为 $30～50\text{g/m}^3$。其中爆炸力最强的浓度范围为 $300～500\text{g/m}^3$。一般情况下，浮尘达到爆炸下限浓度的情况是不常有的，但是爆破、爆炸和其他震动冲击都能使大量落尘飞扬，在短时间内使浮尘量增加，达到爆炸浓度。因此确定煤尘爆炸浓度时，必须考虑落尘这一因素。

（三）引燃煤尘爆炸的高温热源

煤尘的引燃温度变化范围较大。我国煤尘爆炸的引燃温度在 610～1 050℃ 之间，一般为 700～800℃。煤尘爆炸的最小点火能为 4.5 ～ 40mJ。这样的温度条件几乎一切火源均可达到，如爆破火焰、电气火花、机械摩擦火花、瓦斯燃烧或爆炸、井下火灾等。根据 20 世纪 80 年代的统计资料，由于放炮和机电火花引起的煤尘爆炸事故分别占总数的 45% 和 35%。

（四）足够的氧气含量

煤尘爆炸要求空气中的氧气含量不低于 18%（体积百分比）。由于矿井的氧气浓度一定大于 18%，所以我们在防止煤尘爆炸过程中一般不会考虑这一条件。

五、煤尘的危害

1. 污染工作现场，现场工作人员长期吸入煤、岩尘后，轻者会造成呼吸道炎症、皮肤病，重者就成尘肺病。由尘肺病引发的矿工致残和死亡人数在国内外都十分惊人。

2. 煤尘能够在完全没有瓦斯存在的情况下爆炸，所以对于瓦斯矿井，煤尘完全有可能与瓦斯同时爆炸。

3. 矿尘可以进入机械的传动部分，加速机械磨损、缩短精密仪器的使用寿命。

4. 矿尘浓度高时，工作现场的能见度明显降低，特别是在爆破后或出现冒顶的情况下，往往会导致现场人员误操作，造成人员意外伤亡。

六、煤尘爆炸的预防措施

（一）防尘措施

1. 煤层注水　煤尘减少量可达 60% ～ 90%，是采煤工作面防尘的最有效措施。

2. 湿式打眼和水炮泥　湿式打眼比干打眼的浮游煤尘浓度平均下降 90% 以上。

3. 采掘机械喷雾降尘。

4. 运输巷道和各转载巷道洒水降尘。

5. 水幕净化　在巷道顶部横向铺设水管并间隔地安设喷雾，使喷嘴喷出的水雾能够布满巷道全断面。

6. 对井下巷道及时清扫、冲刷。

7. 通风除尘。

8. 戴好防尘口罩实现个体防护。

（二）防引燃爆炸措施

1. 在井下杜绝一切高温火源。

2. 对井下易集聚煤尘的地方进行定期（不定期）洒水或撒布岩粉，增加煤尘中的不燃成分。

（三）隔绝煤尘爆炸措施

煤矿安全生产，存在着许多不确定因素，完全消灭煤尘爆炸的因素是非常不容易的。必须防患于未然，假定煤尘发生爆炸，必须把爆炸限制在一定范围内，最大限度地减少损失。限制爆炸范围扩大的主要措施，就是在井下适当地点设置岩粉棚和水槽棚。

七、矿用泡沫抑尘技术

一项全新的、能有效遏制煤矿粉尘产生，防止煤尘爆炸和降低煤肺病发生率的新技术于 2010 年底全面在全国各大煤矿企业全面投入使用，并在实际工矿环境应用中深受广大工矿企业的欢迎和赞誉（图 2-3-1）。

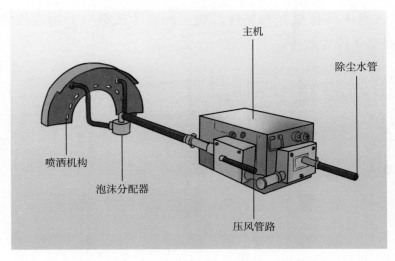

图 2-3-1　矿用泡沫抑尘 - 除尘 - 降尘

（一）技术概述

矿用泡沫抑尘技术是利用井下的除尘水管和压风管路，在水管中加入一定量的添加剂，通过专用的发泡装置，引入压风，产生高倍数泡沫，通过喷嘴喷洒至尘源。泡沫通过良好的覆盖、湿润和黏附等方式作用于粉尘，从根本上防止粉尘的扩散，降低粉尘浓度。该技术与其他湿式抑尘相比，用水量可减少30%～80%，抑尘效率比喷雾洒水高 3～5 倍。本技术主要包含矿用泡沫抑尘设备和矿用泡沫抑尘专用液两种产品，二者配合使用。

（二）技术特点

1．泡沫能够无空隙的覆盖综掘、综采机切割滚筒，有效抑制切割时可能产生的火花，从根本上阻止粉尘向外扩散。

2．泡沫的液膜中含有特制的添加剂，能大幅度降低水的表面张力，迅速增加粉尘被湿润的速度。

3. 泡沫具有很好的黏性，粉尘和泡沫接触后会迅速被泡沫黏附，提高了降尘效率。

（李硕彦）

第四节　矿井火灾

一、矿井火灾概述

凡是发生在煤矿井下或矿区地面威胁矿井安全生产，造成损失的非控制燃烧均称为矿井火灾。根据矿井火灾的火源不同，通常把矿井火灾分成外因火灾和内因火灾两大类。

（一）外因火灾

外因火灾是指由于外来火源如明火、电、气焊、爆破、电弧、电火花、机械摩擦发热着火，瓦斯或煤尘爆炸等引起的火灾。容易发生在井口附近，井下巷道、采掘工作面和有电缆的大支架处、机电硐室、采空区等地点。

（二）内因火灾

内因火灾又称自燃火灾，是指一些可自燃物资（主要是煤）在一定条件和环境下，（如破碎后集中堆积，又有一定的风量供给）自身发生物理化学变化，集聚热量导致煤层自燃形成的火灾。

二、矿井火灾的危害

1. 产生大量的有害气体。

2. 产生高温　发生火灾时，会产生大量高温气体、热辐射，不仅会使现场人员被直接烧伤，还可引燃附近的可燃物，使火区范围迅速扩大。

3. 火灾不仅为瓦斯、煤尘爆炸提供热源，而且由于火的干馏作用，使井下可燃物（煤、木材等）放出氢气和其他碳氢化合物等爆炸性气体，引起瓦斯、煤尘爆炸，进一步扩大灾情。

4. 烧毁井下机电设备和煤炭资源。

5. 使井下风流逆转　火灾发生后，高温浓烟经过区域的空气发生变化，温度升高，井巷中产生火风压。火风压一方面使矿井总风量发生变化，另一方面还能使局部地区风流方向出现逆转，造成通风系统紊乱，扩大灾区范围。

三、发生火灾的重要因素

引起矿井火灾的因素主要有三点：

1. **热源**　具有一定温度和足够热量的热源才能引起火灾。在矿井中煤的自燃、爆破作业、机械摩擦、电流短路、吸烟、烧焊等，都有可能成为引起火灾的热源。

2. **可燃物**　在矿井中，煤本身就是大量普遍穿在的可燃气物。同时坑木、各类机电设备、各种油料、炸药等都具有可燃性，可燃物的存在是火灾发生的物质基础。

3. **氧气**　燃烧是剧烈的氧化反应，任何可燃物尽管有热源点燃，但如果没有足够的氧气，燃烧是不可能持续的，所以氧气供给是维持燃烧不可缺少的条件。

以上发生火灾的三要素。必须同时存在才会发生火灾，缺一

不可。

四、内因火灾的防治

煤自燃必须具备三个要素：煤本身有自燃倾向；有不断适量供应的氧气；有散热不良使热量得以集聚的物质，三个要素缺一不可。第一个要素是煤自燃的内因，人们不好干预，后两个要素是煤自燃的外因，是人们可以控制的。因此可以采取措施加以控制。

（一）煤炭自燃的征兆

煤炭自燃初期，现场作业人们所能感受到的征兆：

1. 湿度增大，有雾气，煤壁和支架上挂有水珠。

2. 温度升高，出水温度也高。

3. 出现异味，如汽油、煤油、煤焦油味等。

4. 人的身体不适应，出现头痛、头晕、恶心、呕吐、四肢无力、精神不振等症状。

煤炭自燃易发生的地点在断层附近；采煤工作面的进、回风巷和切眼；停采线附近；遗留的煤柱；破裂的煤壁；煤巷的高冒处；假顶工作面；密闭墙内、溜煤眼；联络巷和浮煤堆积的地方等。

（二）煤炭自燃预防措施

1. 选择合理的开拓、开采技术　在计划开拓、开采方法时，必须要求：顶板管理科学，易于隔绝采空区；减少向采空区漏风和灌浆方便；尽量少切割煤体；回采率高，回采速度快。

2. 采用合理的通风系统　正确设置通风构筑物，减少采空区及废弃巷道和矿柱裂隙的漏风量，阻断氧气供应。

3. 加强对自燃发火的早期识别和预报　加强采区、重要巷道温度和一氧化碳气体的检测。通过对煤自燃的规律的认识，外部征兆，人体直接感觉和一定的检测手段，及早发现煤层自燃，避免重大内因火灾发生。

4. **及时封闭采区** 采煤工作面回采结束后，必须在 45 天内进行永久性封闭。

5. **采用预防性灌浆或用阻化剂防火的技术手段** 将水和不燃性固体材料按照一定比例配制成适当浓度的浆液，通过一定的管路系统灌入采空区等可能发生煤炭自燃的地方。浆液包裹在碎矿、煤层表面，隔绝氧气与煤的接触，减少漏风、防止氧化，冷却已自燃的煤炭，降低采空区温度，防止自燃火灾的形成。阻化剂是一种吸水性极强的无机盐类化合物，将阻化剂溶液喷洒在煤壁、采空区或煤体内，起到有效阻止煤炭氧化和自燃的作用。

6. **均压防火** 用调节风压方法以降低漏风风路两侧压差，减少漏风，抑制自燃。调压方法有风窗调节、辅扇调节、风窗 – 辅扇联合调节、调节通风系统等。

五、外因火灾

（一）外因火灾产生的根源

1. **明火类** 吸烟、使用电炉、大功率灯泡、电焊、气焊、喷灯熔断与焊接等。

2. **电器类** 电器设备失爆、过负荷运行、电器短路、带电检修、搬迁电气设备；电缆存在"鸡爪子""羊尾巴"和明接头，机械设备摩擦生热或撞击等。

3. **违章爆破火焰** 使用严重变质或过期的炸药，如封泥不严、不实或封泥量不够，最小抵抗线不够，裸露爆破等违章爆破都会产生火焰，引起火灾。

（二）外因火灾的预防措施

外因火灾形成三个基本条件：足够热量的热源；一定数量的可燃物；足够的氧气。预防外因火灾的发生，只要控制住其中一个或两个基本条件即可。根据《煤矿安全规程》有关规定，主要措施如下。

1. 加强明火管理

（1）入井人员严禁携带烟草和点火物品，严禁穿化纤衣服。井口房和通风机房附近 20m 内，不得有烟火或用火炉取暖。

（2）井筒、平巷与各水平连接处及井底车场，主要绞车道与主要运输巷、回风巷的连接处，井下机电设备硐室，主要巷道内带式输送机头前后两端各 20m 范围内，必须使用不燃材料支护。

（3）井下严禁灯泡取暖和使用电炉。

（4）井下和井口房内不得从事电焊、气焊和喷灯等工作，如果必须在井下主要硐室、主要通风巷和井口房内进行电焊、气焊和喷灯焊接工作，每次必须制订安全措施。

（5）禁止违章放炮，杜绝爆破火焰发生。

（6）按规定使用不延燃电缆、阻燃输送带和风筒。

（7）按照规定选择使用电气设备，防止电火花、电弧。加强机械运转部分的维护保养，防止摩擦起热。

2. 加强可燃物的管理

（1）井下使用的汽油、煤油和变压器油必须装入盖严的铁桶内，由专人押运送到使用地点。剩余的必须运回地面，严禁在井下存放。

（2）井下使用的润滑油、棉纱、布头和纸等，必须存放在盖严的铁桶内。用过的棉纱、布头和纸等，也必须放在盖严的铁桶内，并由专人定期送到地面处理，不得乱扔乱放。严禁将剩油、废油泼洒在井巷和硐室内。

3. 完善防火措施

（1）矿井必须按照国家有关防火规定，制定井上、井下防火措施和制度。

（2）矸石山、炉灰场距离进风井不得少于80m，坑木场距离矸石山不得少于50m。

（3）完善井下供电系统过负荷、短路、漏电等保护装置，并坚持正确正常使用。完善带式输送机的防跑偏、防打滑、过负荷等综合保护系统，安装有火灾报警系统。

4. 加强消防器材管理

（1）井上、井下必须设置消防材料库。井下关键硐室、巷道和采掘工作面配备灭火器材，其数量、存放地点、检查更换周期必须按照国家相关规定执行。

（2）井上、井下工作人员必须掌握灭火器的使用方法，并熟悉本工作区域内灭火器材的存放地点。

六、矿井常用的灭火方法

（一）直接灭火

矿井一旦发生火灾，初期火势一般都不会太大，应该尽早尽快地采取一切可能的办法进行直接灭火。稍有迟疑，就会贻误良机，造成火势迅速蔓延，酿成大祸。直接灭火的方法有：

1. 彻底清除可燃物 初期发火，范围不大，火区瓦斯、煤尘不超限，人员可以直接到达发火地点，将已经发热或者燃烧的煤炭以及其他可燃物挖出、清除，这是扑灭矿井火灾最彻底的方法。

2. 用水灭火 水是最有效、最经济、来源最广泛的灭火材料，但用水灭火必须注意：水源足够；灭火人员应站在上风侧工作，以免水蒸气伤人；必须保持一个畅通的排烟通道，以防高温的水蒸气和烟流返回伤人。

3. 电气设备和油料火灾 要用沙子、岩粉、灭火器灭火。绝对不能用水灭火。

（二）隔绝灭火

隔绝灭火又称封闭火区。在采空区内发生自燃火灾，或井巷中发生火灾，无法直接灭火时，可用隔绝灭火法。在火源进、回风两侧合适地点构筑防火墙（密闭）。隔离火区空气的供给，减少火区的氧气浓度，使火区因缺氧而窒息。当火区范围较大，用直接灭火难以扑灭时，可用灭火墙将火区实施封闭，然后向密闭内灌水、注浆、注入惰性气体，使火区的火迅速熄灭。

在矿井总进风流中发生火灾时，往往需要进行全矿性反风，以免烟气侵入采掘区。所以主要通风机必须装有反风设备，必须能在10分钟内改变巷道中的风流方向。

1. 火区管理 火区封闭后，要定期检查密闭墙的严密性。定期测定墙内 CO 浓度，使其浓度稳定在 0.001%、气温 30℃、水温 25℃以下、氧气浓度低于 2% 时，才能认为火已熄灭。

2. 行动原则 发现火灾时首先应识别火灾性质、范围，立即采取一切可行的方法直接灭火，并汇报调度室。当井下发生火灾时，为了迅速灭火必须遵守纪律，服从命令，不要擅自行动。矿调度室接到井下火灾报告时，立即通知矿山救护队抢险。并通知井下受到火灾威胁的人员远离灾区。

（闫逢杰　王聚涛）

第五节　矿井水灾

　　矿井在建设和生产过程中，地面水和地下水会通过各种通道涌入矿井。为保证矿井正常建设与生产，必须采取各种措施防止水进入矿井或者将进入矿井的水排至地面。但当矿井涌水超过正常排水能力时，就会造成水害。凡影响或威胁矿井、采掘工作面安全生产和增加吨煤成本使矿井局部或全部被淹没的水灾，都称为煤矿水害。据统计，1949 年以来，在我国煤矿一次性死亡 3 人以上的重大事故中，水害位居第三，平均每次事故死亡 7.06 人，仅次于瓦斯和火灾事故。

　　矿山水害是指煤矿在建设开发过程中，不同形式、不同水源的水通过特定途径进入矿坑，并给建设或生产带来影响或灾害的过程和结果（图 2-5-1）。

图 2-5-1　矿井水害的基本概念

一、矿井水的来源

（一）地表水

地表水主要有大气降水渗入或流入，以及江河、湖泊、沼泽、水库和洼地积水等，雨季较为明显。

（二）地下水

地下水是流动的，并不断接受地表水的补给，开采越深水压越高，裂隙溶洞越大含水越丰富，是井下最直接、最常见的水源，井下巷道或采掘工作面一旦揭露这些含水层，水就会突然涌出。

（三）老空水

老空水指废弃的小煤窑、旧巷道和采空区的积水。它们静压大，积水多时，常带有大量有害气体。当采掘工作面与它们打透时，很短时间内会有大量水涌入，来势凶猛，造成透水事故，破坏性很大。

（四）断层水

在断层面上往往形成松散的破碎带，在裂隙和孔洞中常有一定量的积水。断层还常将不同的含水层连通，有的甚至与地表水相通，当开掘接近或揭露这些断层时，断层水便会涌出。

（五）岩溶陷落柱水

石灰岩长期受地下水侵蚀，形成溶洞。由于重力作用和地壳运动，上部的煤（岩）失去平衡而垮落使煤系地层形成陷落柱，柱内形成积水。

（六）钻孔水

煤田地质勘探时打钻的钻孔，如果封闭不严，也常有积水。

二、矿井水的危害

1. 井下巷道和采掘工作面出现淋水时，空气潮湿，人易患风湿病。

2. 矿井水腐蚀井下各种金属设备、支架、轨道等。

3. 如果发生了突水和透水，就可能淹没采掘工作面或矿井，造成人员伤亡。

三、矿井水害的类型

（一）地表水水害

水源为大气降水，开采江、河、湖、水库、沟渠、坑塘等影响范围内的煤层时，洪水冲破井口围堤，或者由于矸石、炉灰等堆积场选择的不合理，雨季由于山洪淤塞河道，灌入井筒、冲毁建筑物。

（二）老空水水害

巷道或工作面接近或遇到古井、老窑、废巷及采空区的积水区时，往往在短时间内涌出大量水，且来势凶猛，具有很大的破坏性。

（三）孔隙水水害

采动冒落带、岩溶、地面塌陷或溶洞、断层带及煤层顶、底板封闭不良的旧钻孔充水和导水进入矿井。

处理不当或封孔不佳的钻孔，在一定水文地质条件下可成为各

水体之间或含水层之间联系的通道。当巷道接近或揭露这些钻孔时，地表水或地下水就会经钻孔进入矿井。

（四）岩溶水水害

由石灰岩溶洞塌落所形成的陷落柱内部岩石破碎、胶结不良，往往构成岩溶水的垂直通道，巷道遇到它们时，会引起多层含水层的水大量涌入。

（五）裂隙水水害

巷道在顶板风化破碎的煤层中施工，由于支护不当而产生冒顶，或采煤工作面上方防水岩柱不够，冒落高度和导水裂缝涉及河、湖等地表水体或强含水层，都会造成透水。

四、透水前的预兆

（一）煤壁"挂红"

井下发生透水事故前，一般都会出现一些征兆，主要为煤壁"挂红"。矿井水中含有铁的氧化物，在它通过煤岩裂隙而渗透到采掘工作面的煤岩体表面时，会呈现暗红色水锈，这种现象叫挂红。挂红是一种出水信号。

（二）煤壁"挂汗"

积水区的水，在自身压力作用下，通过煤岩裂隙而在采掘工作面的煤岩壁上聚结成许多水珠的现象，叫挂汗。井下空气中的水分遇到低温的煤体，有时也可能聚结成许多水珠的现象。区别真假挂汗的方法是，仔细观察新暴露的煤壁面上是否潮湿，若潮湿则是透水预兆。

（三）空气变冷

采掘工作面接近积水区域时，空气温度会下降，煤壁发凉，人一进入工作面就有凉爽、阴冷的感觉，时间越长越明显。但应注意，受地热影响较大的矿井地下水的温度偏高，当采掘工作面接近积水区时，气温反而升高。

（四）出现雾气

当采掘工作面或巷道内温度较高，积水渗透到煤壁后，引起蒸发形成雾气。

（五）"嘶嘶"水声

含水层或积水区内的高压水，向煤壁裂隙挤压时，与两壁摩擦会发出"嘶嘶"声，这就说明采掘工作面距积水区或其他水源已经很近了。若是煤巷掘进，则透水即将发生，这时必须立即发出警报，撤出所有受水威胁的人员。

（六）顶板出现异常

如果水体在顶板上面，由于水体压力作用，造成顶板来压，出现裂缝和淋水，而且淋水越来越大，煤壁出现掉渣、片帮，这是马上要透水的征兆。

（七）水底板鼓起

如果水体在底板下面，水量大而压力高，底板就会鼓起，产生裂隙，出现渗水或喷水。

（八）水色发浑

断层水和冲积层水常出现淤泥、砂，水混浊，多为黄色，味甜。老空水一般发红，味涩。岩溶水常有臭味。

（九）作业现场有害气体增加

老空水往往含有有害气体，当空气中瓦斯、二氧化碳、硫化氢等有害气体增加时，说明采掘工作面接近老空水。

五、水害防治原则

矿井防治水工作必须坚持"预测预报，有疑必探，先探后掘，先治后采"的十六字原则，该原则科学地概括了水害防治工作的基本程序。

（一）"预测预报"

"预测预报"是水害防治的基础，是指在查清矿井水文地质条件的基础上，运用先进的水害预测预报理论和方法，对矿井水害做出科学的分析判断和评价。

（二）"有疑必探"

"有疑必探"是根据水害预测预报评价结论，对可能构成水害威胁的区域，采用物探、化探和钻探等综合探测技术手段，查明或排除水害。

（三）"先探后掘"

"先探后掘"是指综合探查，确定巷道掘进没有水害威胁后再掘进施工。

（四）"先治后采"

"先治后采"是指根据查明的水害情况，采取有针对性地治理措施排除水害隐患后，再安排采掘工程。

六、矿井水灾事故的预防措施

《煤矿防治水规程》防治水工作必须采取"探、防、堵、疏、排、截"综合防治措施。

探：即井巷探水；

防：即井上、井下防水设施及防水措施；

堵：即注浆堵住水口，或加固裂隙带，充填改造含水层，加固顶、底板。

截：即留设各种防水煤柱隔阻有害水源；

排：即井下排水设施和排水能力；

疏：即疏水降压或疏干有害含水层；

放：即对老空区积水、可疑水源采取放水，或超前放出顶板水。

七、透水后现场人员撤退时的注意事项

注意事项

1. 采掘工作面或其他地点发现有突水预兆时，必须发出警报，撤出所有受水威胁的人员。

2. 透水后，最先发现透水的现场工作人员，一方面应在可能的情况下迅速观察和判断透水地点、水源、涌水量、发生原因、现场等情况报告矿调度室。另一方面迅速组织抢救，打木垛或用密集柱堵住出水点，防止事故继续扩大。水势迅猛来不及进行加固时，

人员应向高处撤退，安全升井。根据灾害预防和处理计划中规定的撤退路线，迅速撤退到透水地点以上的水平，而不能进入透水点附近及下方的独头巷道。

3．行进中，应靠近巷道一侧，抓牢支架或固定物体，尽量避开压力水头和泄水流，并注意防止被水中流动的矸石和木料等撞伤。

4．如透水破坏了巷道中的照明和路标，迷失行进方向时，遇险人员应朝有风流通过的上山巷道方向撤退。

5．在撤退沿途和所经过的巷道交叉口，应留设指示行进方向的明显标志，以提示救护人员注意。

6．如唯一的出口被水封堵无法撤退时，应有组织地在独头工作面躲避，等待救护人员营救。严禁盲目潜水逃生等冒险行为。应做到以下几点：

（1）在巷道内或硐室口放上衣服、工具做标志，以便救护队员早日发现，前来营救。

（2）应保持静卧，尽量减少体力消耗，延长生存时间。

（3）硐室内只留一盏灯照明，将其余灯关闭，以延长照明时间。

（4）间断地敲击，发出呼救信号。

（5）要听从指挥，团结一致，等待救援。

八、透水后被围困时的避灾自救措施

避灾自救措施

1．当现场人员被涌水围困无法退出时，应迅速进入预先筑好的避难硐室或选择合适地点快速进入临时避难地点避灾。迫不得已时，可爬上巷道高处空间待救。如系老窑透水，则须在避难硐室处建临时挡墙或吊挂风帘，防止被涌出的有毒有害气体伤害。进入避难硐室前，应在硐室外留设明显的标志。

2. 在避灾期间，遇险矿工要有良好的精神心理准备，情绪安定、自信乐观、意志坚强。做好长时间避灾的准备，除轮流担任岗哨观察水情的人员外，其余人员均应静卧，以减少体力和空气消耗。

3. 避灾时，应用敲击的方法有规律、不间断地发出呼救信号，向营救人员提示躲避处的位置。

4. 被困期间断绝食物后，绝不嚼食杂物充饥。饮水时，要用纱布或衣服过滤。

（闫逢杰　王聚涛）

第六节　矿井冒顶

冒顶事故是指矿井采掘过程中，因顶板意外冒落造成的人员伤亡、设备损坏、生产中止等事故，常发生在采煤工作面或掘进巷道。

一、矿井冒顶事故的类型

按一次性冒落的顶板范围和伤亡人员多少，把事故分为局部冒顶和大面积冒顶事故两大类。

（一）局部冒顶事故

局部冒顶绝大部分发生在邻近断层，褶曲轴部等地质构造部

位，多数发生在基本顶来压前后，特别是在直接顶强度降低、分层厚度减小的岩层组成的情况下。

局部冒顶事故主要是：已破坏的顶板失去依托而造成的。其触发的原因，一部分是采煤（包括破煤、装煤等）过程中未能及时支护已露出的破碎顶板：另一部分是回柱、移架、过机头等操作过程中发生的局部冒顶事故。

（二）大面积冒顶事故

大面积冒顶事故（简称"垮面"）特点是：冒顶面积大、来势凶猛、后果严重。不仅影响安全生产，往往还会导致重大人身伤亡。事故原因是直接顶和基本顶大面积运动造成的。

二、常见原因

（一）制度不完善

敲帮问顶制度执行不严，找浮矸危石不及时、不彻底或违章操作，对隐患性危岩未采取必要的临时支护措施，造成危岩突然坠落产生伤亡事故。

（二）支架安装不合理

支架工作阻力低，可缩量小，支撑及支护密度不足，棚腿架设在浮矸或浮煤上，支架顶上及两帮未插严背实，棚架整体性及稳定性差，造成顶板来压时压垮或推垮支架导致冒顶。

（三）缺乏支护设备

掘进工作面迎头没有使用金属前探梁等临时支护，工人在空顶空帮下作业，危岩突然坠落造成伤亡事故。

三、采煤工作面常见冒顶预兆

常见冒顶预兆

1. 工作面遇有地质构造，掉渣、顶板破裂严重。

2. 冒顶前顶板压力增加，煤体受较大压力被压酥，煤质变软，煤壁片帮增多。使用电钻打眼时省力，用采煤机割煤时负荷减少。顶板裂隙增多，裂缝变大。

3. 岩层下沉断裂，金属支柱的活柱急速下缩发出响声，采空区顶板断裂垮落时发出的闷雷声。大量单体液压支柱的安全阀自动漏液，支柱大量被压入底板。

4. 顶板出现离层，用"问顶"方式试探顶板，如顶板发出"咚咚"声，说明顶板岩层之间已经离层。

5. 有淋水的工作面，顶板淋水明显增大。

6. 含瓦斯的煤层，瓦斯涌出量明显增大。

7. 破碎的伪顶或直接顶背顶不实或支护不牢出现漏顶现象。

四、采煤工作面冒顶预防措施

预防和控制冒顶的基本途径是减小顶板压力和合理支护

1. 及时支护悬露顶板，做到"敲帮问顶"。使用炮采时，炮眼布置及装药量要科学，避免崩倒支架。

2. 布置工作面尽量与煤层节理垂直或斜交，避免片帮。一旦片帮，应立即掏梁窝做超前支护。

3. 综采工作面要采用长侧护板，整体顶梁、内伸缩式前梁，增大支架向煤壁方向的推力，提高支架的初撑力。

4. 采煤机割煤移走后，立即伸出伸缩梁，及时接顶带压移架。

5．直接顶破碎范围较大时，可注入树脂类黏结剂固化，支护形式应采用交错梁直线柱布置，严重时要支设贴帮柱。综采工作面选用掩护式自移支架。

6．遇到坚硬顶不落板时，采取爆破强制放顶或高压注水软化顶板。减小工作面空顶面积和支撑面积，缩短空顶时间和支撑时间。

7．加强顶板日常管理。如做好顶板来压和地质预报工作，采取相应的措施；加强对采面煤壁、老塘、机头和机尾以及过老、过新层、过隐蔽层工程的管理；加强对工程质量的管理；要制定敲帮问顶、质量验收、岗位责任制、交接班、事故分析等制度。

五、采煤工作面冒顶处理

1．局部小冒顶出现后，应先检查冒顶地点附近顶板支护情况，处理好折伤、歪扭、变形的柱子；沿煤的顶板掏梁窝，将探板伸入梁窝，另一头立上柱子。

2．发生局部范围较大的冒顶时，如伪顶冒落，且冒落已停止，可采用从冒顶两端向中间进行探板处理。如直接顶沿煤帮冒落，而且矸石继续下流，块度较小，采用探板处理有困难时，可采取打撞楔的办法处理。如上述两方法不能制止冒顶，就要另开切眼躲过冒顶区。

六、掘进巷道冒顶事故预兆

当掘进巷道围岩压力较大，支护材料（工字钢、U 形钢、支柱等）支撑力不够时，就可能损坏支护材料，形成巷道冒顶。巷道冒顶事故多发生在掘进工作面及巷道交汇处。

（一）巷道冒顶前的征兆

1. 掉渣、漏顶。破碎的伪顶、直接顶背顶不实或支护不牢出现漏顶现象，造成空顶、支护松动而冒顶。

2. 顶板有裂隙，并且迅速变宽、增多。

3. 顶板内岩层连续发出断裂声，顶板压力急剧增大时，顶板岩层下沉，顶板内有岩层断裂的响声，支护材料变形或断裂。

4. 顶板出现离层，掘进面片帮次数明显增多。有淋水的巷道顶板淋水量增加。

（二）掘进巷道冒顶事故的预防措施

1. 根据岩石性质及相关规定，严格控制控顶距，坚持使用前探梁，严禁空顶作业。

2. 严格执行"敲帮问顶"制度，顶帮必须背严背实。暴露危岩必须先行处理掉，无法处理时，采取临时支护。

3. 在破碎带或斜巷掘进时，要缩小支护间距，用好拉撑件，把支架牢固连在一起，防止推垮。

4. 支护失效，替换支护材料时，必须先护顶，支好新支架后，再拆老支架。

5. 斜巷维修巷道顶梁时，必须制定专门的行车、行人措施。

（三）采掘冒顶事故自救

1. 发现采掘工作面有冒顶预兆，自己又无法逃离现场时，应立即把身体靠向硬帮或有强硬支柱的地方。

2. 冒顶事故发生后，伤员要尽一切努力争取自行脱离事故现场。无法逃离时，要尽可能把身体藏在支柱牢固或大块岩石架起的空隙中，防止再次受到伤害。

3．当大面积冒顶堵塞巷道，即矿工们所说的"关门"时，作业人员堵塞在工作面，这时应沉着冷静，由班组长统一指挥，只留一盏灯供照明使用，并用铁锹、铁棒、石块等不停地敲打通风、排水的管道，向外报警，使救援人员能及时发现目标，准确迅速地展开抢救。

4．撤离险区后，可能的情况下，迅速向井下及井上有关部门报告。

（四）巷道冒顶事故的处理

1．巷道发生冒顶后，必须及时处理。先要加固好冒落区前后的支护。使用工字钢，U形钢等支护时，要根据压力情况加密支护间距。

2．支护时对顶板要背严插实，防止冒顶范围扩大，可用撞楔法在冒顶区打入铁钎或小圆木，用竹笆或小板背实。

3．清理冒落的煤矸，在停冒落止时，尽快对冒落区进行支护。

4．排好护顶木垛。

（李硕彦）

第七节　煤矿主要化学毒物

煤矿特殊行业的属性，在生产过程中，必定会产生一定的有害有毒物质，如能科学预防，必能安全生产。反之不但对从业人员，而且对矿井生产也会带来不可估量的损失。

一、氮氧化物

（一）来源

氮氧化物是氮和氧化合物的总称，俗称硝烟。来自露天煤矿坑下爆破采煤，井下煤、岩巷爆破等作业，发生火灾时的烟气，以及使用柴油机械设备工作时的尾气排放中均含有大量的氮氧化物。

（二）危害

1. **一氧化氮** 经呼吸道吸入，与水慢反应为硝酸、亚硝酸，经尿排出，表现出刺激作用，引起肺水肿。吸入高浓度，产生毒性反应，引起呼吸困难和窒息，导致中枢神经损害。

2. **二氧化氮** 损害呼吸系统。引起上呼吸道黏膜发炎、急性支气管炎，严重时咳嗽剧烈。对肺组织产生强烈刺激作用，引起肺水肿、虚脱等。慢性毒作用为神经衰弱综合征，头痛、食欲缺乏等。能刺激皮肤，并引起牙齿酸蚀症等。对心、肝、肾以及造血组织等均有一定影响。

二、碳氧化物

（一）性质

1. **一氧化碳（CO）** 为无色、无臭、无刺激性的气体。微溶于水，易溶于氨水。易燃、易爆。

2. **二氧化碳（CO_2）** 为无色无味，无刺激性的气体。不可燃。当二氧化碳加热到 2 000℃以上时，分解生成一氧化碳。

（二）来源

岩、煤巷爆破、采煤打眼、水力采煤、机械采煤、采煤装载、采煤支护等均会产生有害气体，特别是当矿井发生爆炸事故时，燃烧会产生大量一氧化碳。

（三）危害

1. 一氧化碳的危害　轻度中毒者会出现剧烈头痛、眩晕、心悸、胸闷、耳鸣、恶心呕吐、乏力等症状。长期接触低浓度一氧化碳，可引起神经衰弱综合征及自主神经功能紊乱、心律失常、心电图改变、血管内的脂类物质累积量增加，导致动脉硬化等。

2. 二氧化碳的危害　二氧化碳中毒常为急性中毒，人们接触几分钟即迅速昏迷倒下，若不能及时抢救就可能死亡。

三、硫化氢（图2-7-1）

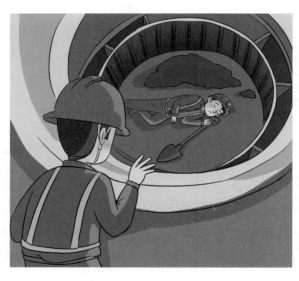

图 2-7-1　硫化氢中毒

1. **性质** 硫化氢是一种易燃的酸性气体，无色，有臭鸡蛋气味。浓度极低时便有硫黄味，有剧毒。硫化氢为易燃危险品，与空气混合能形成爆炸性混合物，遇明火、高热能引起燃烧爆炸。同时，硫化氢是一种重要的化学原料。

2. **来源** 有机物腐烂，硫化矿物水解、爆破及导火索燃烧都可能产生硫化氢。

3. **危害** ①硫化氢轻度中毒主要为眼和上呼吸道刺激、头晕甚至神志不清、窒息等症状。接触高浓度时可能立即昏迷、死亡。②具有爆炸性；当空气中硫化氢浓度为 4.3% ～ 45.5% 时有爆炸危险。遇明火、高热能引起燃烧爆炸。③具有强酸性，可造成井下金属管柱、地面管道和仪表的腐蚀破坏。

四、甲烷

俗称沼气、煤层气、瓦斯、坑气，为煤矿井下有害气体的最主要成分，是煤矿中吸附在煤层中的可燃性气体，矿井甲烷习惯上又单指瓦斯。

1. **来源** 矿井甲烷是经地壳运动被埋入地下亿万年前的古代植物在采掘过程中从煤、岩层、采空区中放出和生产过程中产生的。

2. **危害** 低浓度时对人基本无毒。在空气中浓度达 25% ～ 30% 时，即可出现缺氧的一系列临床表现，如头晕、头痛、乏力、呼吸加速、心率增加、气促、注意力不集中、昏迷，甚至窒息死亡。因其无味、无臭，高浓度吸入时也不易被觉察，所以甲烷灾害是煤矿中的重大自然灾害之一。它不仅影响矿井的正常生产，还威胁到井下人员的生命安全。

五、煤矿作业现场主要化学毒物浓度限值

一氧化碳，最高允许浓度 0.002 4%；氧化氮（换算成二氧化

氮）最高允许浓度 0.000 25%；二氧化碳最高允许浓度 0.5%；硫化氢最高允许浓度 0.000 66%。

六、毒物防治

1. **科学检测** 煤矿毒物检测时应选择有代表性的作业地点，采样要尽可能地接近作业人员，煤层有自燃倾向的，根据需要随时监测。

2. **强化防范**

（1）**加强矿井通风：** 采用的通风方法能有效地将各种有害气体稀释到《煤矿安全规程》规定的标准以内。

（2）**加强个体防护：** 佩戴合格的保温手套、防护服、安全护目镜或面罩等个体防护用品。

（3）**采空区防范：** 及时封闭采空区，需要进入时，必须首先进行有害气体检测，确认安全后方可进入。

（4）**闲置巷道防范：** 需要进入限制时间较长的巷道进行作业的，必须先通风、后作业。

（5）**盲道防范：** 盲道或废弃巷道应及时予以密闭或用栅栏隔断，并挂上"禁止入内"的警示牌。

（6）**爆破过程防范：** 爆破时，人员必须撤到新鲜风流中，并在回风侧挂警戒牌；矿井实施爆破后，及时排出炮烟。

七、紧急脱险措施

1. 如闻到臭鸡蛋气味，应立即组织人员向高处撤离，地势低处危险性比高处大，撤离时可用湿毛巾等捂口鼻避毒。

2. 浓度控制

（1）采掘工作面及其他作业地点风流中甲烷浓度达到 1.0% 时，必须停止用电钻打眼；爆破地点附近 20m 以内风流中甲烷浓度达到 1.0% 时，严禁爆破。

（2）采掘工作面及其他作业地点风流，电动机、电器开关安设地点附近 20m 以内，风流中的甲烷浓度达到 1.5% 时，必须停止工作，切断电源，撤出人员，进行处理。

（3）采掘面及其他巷道内，体积大于 0.5m³ 空间内积聚的甲烷浓度达到 2.0% 时，附近 20m 内必须停止工作，撤出人员，切断电源。

（4）地质工作采取"探、排、引、堵"技术措施；打前探钻孔，预先探放高压甲烷气源；掌握喷出预兆，及时撤离工作人员；掌握矿压规律，避免矿压集中。

（任克朝　李硕彦）

第八节　高温中暑

高温中暑一般出现在夏季，现场人员作业环境常会出现高温、高湿度。下班后因天气炎热，吃不好，休息不好，睡眠不足，造成过度疲劳，身体状况不良。高温伤害可能引起矿山职工一人或多人伤亡事故。高温伤害多发在夏季高温天气期间。

一、中暑后的症状

（一）中暑先兆

在高温环境下工作一段时间后，出现乏力、大量出汗、口渴、头痛、头晕、眼花、耳鸣、恶心、胸闷、体温正常或略高等症状。

（二）轻症中暑

临床表现为头昏、头痛、面色潮红、口渴、大量出汗、全身疲乏、心悸、脉搏快速、注意力不集中、动作不协调等症状，体温升高至 38.5℃以上（图 2-8-1）。

图 2-8-1　高温中暑常见症状

（三）重症中暑

重症中暑包括热射病、热痉挛和热衰竭三种类型，也可出现混合型。

二、煤矿高温危害防治

（一）《煤矿安全规程》规定

《煤矿安全规程》规定煤矿生产矿井采掘工作面空气的温度

不得超过26℃，机电硐室的温度不得超过30℃。当空气温度超过上述温度时，必须缩短现场工作人员的工作时间，并给于高温保健待遇；采掘工作面超过30℃，机电硐室超过34℃，必须停止作业。

（二）煤矿高温检测

作业场所无生产性热源的，选择3个检测点，取平均值；存在生产性热源的，选择3～5个检测点，取平均值。常年从事高温作业的，取夏季最热的月份测量；不定期接触高温作业的，选择工作期内最热月份测量；作业环境热源稳定时，每天测3次，取平均值。

（三）合理设计或改革生产工艺过程

改进生产设备和操作方法。尽量实现机械化、自动化、仪表控制，消除高温和热辐射对人的危害。

1．通风降温。采取多种措施保证风量，缩短进风距离，从而降低到达工作面的温度。

2．采用制冷技术。进行局部降温。

3．保健防护。向高温作业人员提供足量的含盐饮料，补充人体所需要的盐分和水分。

4．高温环境下作业，能量消耗大。发放增加蛋白质、热量、维生素等保健食品，以减轻疲劳，提高工作效率。

5．加强个人防护。高温作业的工作服应结实、耐热、宽大、便于操作。及时供给工作帽、防护眼镜、隔热面罩、隔热靴等。

6．医疗防护。对高温作业人员要进行就业前和入暑前的体检，凡有心血管系统疾病、高血压、溃疡病、肺气肿、肝病、肾病等疾病的人员不宜从事高温作业。

三、中暑后的处置方法

1. 及时脱离高温环境，迅速将患者移到阴凉、通风地方，垫高头部，解开衣扣，平卧休息，观察体温、脉搏、呼吸、血压变化。

2. 用冷水毛巾敷头部，或用冰袋置于中暑者头部和大腿根部等部位，或用30%酒精擦身降温，并补充淡盐水、冷西瓜汁、绿豆汤等含盐清凉饮料，清醒者也可服人丹、十滴水、藿香正气水等。

3. 对热射病者应严密观察意识、瞳孔等变化，头置冰帽，以冷水洗面及颈部，以降低体表温度。有意识障碍呈昏迷者，要注意防止因呕吐物误吸而引起窒息，将患者的头偏向一侧，保持其呼吸道通畅。

4. 对重症中暑者应立即送往医疗机构进行治疗。

（李硕彦）

 第九节　矿井顶板事故及露天矿边坡事故

煤矿顶板事故

顶板事故是指在井下建设和生产过程中，因为顶板意外冒落造成的人员伤亡、设备损坏和生产中止等事故。

煤矿顶板事故虽然零敲碎打的情况较多，但累计起来总数却是惊人的。其一煤矿顶板事故发生频率高，约占全国煤矿事故总起数的 50%；其二煤矿顶板事故累计死亡人数多，约占全国煤矿事故累计死亡人数的 40%，所以顶板事故是煤矿五大自然灾害之一（图 2-9-1）。

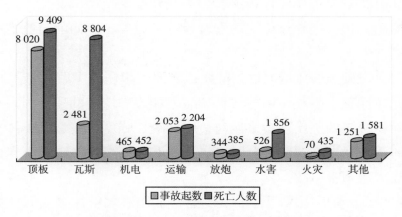

图 2-9-1　2001—2005 年我国煤矿事故类型分布统计图

（一）顶板事故发生原因

顶板事故主要有主观和客观两方面的原因。

1. **客观原因**　采煤过程中因围岩应力重新分布，采煤方法和巷道布置位置选择不能适应这些应力变化，从而造成顶板冒落，发生顶板灾害事故。采掘工作面突然遇到地质条件变化，即使按章作业，但因设计资料不全，也会引起冒顶。

2. **主观原因**　技术管理不到位。在技术管理方面，对采掘工作面的地质条件、来压规律掌握不清楚，不能及时采取有效措施，造成冒顶事故，而且往往发生大面积冒顶。

3. **支持设计**　在支护设计方面，采煤工作面支护方式和支护密度不能适应顶板压力的要求，当顶板来压时，支护对顶板形成支不牢，护不严，稳不住的被动局面。

（二）采煤工作面顶板事故预防

1. 顶板事故类型　按照采煤工作面发生冒顶事故的力学原理分析，可将采煤工作面顶板灾害分为坚硬顶板压垮型冒顶、复合顶板摧垮型冒顶、破碎顶板漏垮型冒顶等三大类，它们的防范措施也不相同。

（1）坚硬顶板压垮型冒顶征兆：坚硬顶板压垮型冒顶指直接顶岩层比较完整、坚硬，回柱或移架后不能立即垮落的顶板。采空区内大面积悬露的坚硬顶板来压时，时间短、强度大，造成单体支柱折断、活柱变形、弯曲裂开、缸体胀裂和底座变形等，将工作面压垮造成大型顶板事故。

1）坚硬顶板压垮型冒顶发生前，工作面煤壁片帮或刀柱煤柱炸裂，并伴有明显的响声，"煤炮"增多，工作面或顺槽都出现煤炮，甚至每隔 5 ～ 6 分钟就响一次。

2）由于煤体内支承压力的作用，煤层中的炮眼变形，打完眼不能装药，甚至连煤钻杆都不能拔出。

3）可听到顶板折断发出的闷雷声，声响位置由远及近，由低到高。

4）顶板下沉急剧加速，顶板和采空区有明显的台阶状断裂、下沉和回转，垮落岩块呈长条状。

5）顶板有时出现裂隙和淋水。局部底鼓，断层处滴水增大，有时钻孔水混有岩粉。

6）来压时支架压力剧增，支架系数可达近 3.0，且液压支架后柱阻力远大于前柱阻力，常伴有指向煤层的水平拉力。

（2）坚硬顶板压垮型冒顶事故预防方法：预防方法主要有：提前强制炸落顶板、注水软化坚硬顶板等措施。

1）提前强制炸落顶板。垂直于工作面钻孔强制放顶。在采煤工作面垂直于工作面方向向采空区顶板钻眼爆破。

2）平行工作面长钻孔强制放顶。在本采煤工作面前方未采动煤层上方顶板打平行工作面的长钻孔。煤层开采后在采空区内装药爆破放顶。

3）灌注压力水处理坚硬难冒落顶板。通过钻孔向顶板灌注压力水，通过注水有效软化和压裂顶板，提高放顶效果。为了提高处理效果，也可灌注盐酸溶液。

（3）复合顶板摧垮型冒顶的条件：复合顶板指的是由厚度为 0.5 ～ 2.0m 的下部软岩及上部硬岩组成，且它们之间存有煤线或薄层软弱岩层的顶板。

复合顶板摧垮型冒顶指的是采煤工作面由于位于顶板下部岩层下沉，与上部岩层离层，支架处于失稳状态，遇外力作用倾倒而发生的顶板事故。

1）离层：由于支柱的初撑力小、刚度差，在顶板下位软岩自重作用下支柱下缩或下沉，而顶板上位硬岩未下沉或下沉缓慢，从而导致软硬岩层不同步下沉而形成离层。

2）断裂：由于裂隙的作用，顶板下位软岩形成一个六面体。此六面体上部与硬岩脱离，下部由单体支柱支撑，形成一个不稳定的结构。

3）去路：当六面体出现一个自由空间，便有了去路，如果倾斜下方冒空，此去路更加畅通。

4）推力：当六面体由于自重作用向下推力大于岩层面摩擦阻力时就会发生摧垮性冒顶。

5）诱发：当工作面爆破、割煤、调整支架或回柱放顶时，引起周围岩层震动，使六面体与断裂岩层面阻力变小，导致六面体下推力大于总阻力，诱发冒顶。

（4）复合顶板摧垮型冒顶及其预防：预防复合顶板事故主要采

取以下方法：

1）严禁仰斜开采。仰斜开采使顶板产生向采空区下推力，顶板连同支架向采空区倾倒，形成了"出路"条件。

2）工作面初采时禁止反向推进，开切眼的顶板由于时间较长已经离层断裂，在反向推进时由于初次放顶极易诱发原开切眼处冒顶。

3）提高支架稳定性。使用拉钩式连接器将工作面支架上下连接起来，以抵抗六面体的下沉。

4）增加单体支柱的初撑力和刚度，增强支护的初撑力和稳定性，防止冒顶事故的发生。

（5）**破碎顶板漏垮型冒顶：**破碎顶板指的是顶板岩层强度低，节理裂隙十分发育、整体性差和自稳能力低，并在工作面控顶区范围内维护困难的顶板。

破碎顶板漏垮型冒顶指的是采煤工作面某个地点由于支护失效而发生局部漏冒，破碎顶板从该处开始沿工作面往上全部漏完，造成支架失稳而发生的顶板事故。

（6）**破碎顶板冒顶的原因**

1）破碎顶板常因采煤机割煤或爆破后，机道得不到及时支护而发生局部漏顶现象。

2）初次来压和周期来压期间，破碎顶板容易和上覆直接顶或坚硬老顶离层而垮落。

3）由于工作面压力加大将支架间上方的背顶材料压折造成漏顶现象。

4）金属铰接顶梁与顶板摩擦阻力小，在顶板来压时容易被推倒而发生冒顶。

5）在破碎顶板条件下，支柱的初撑力往往很低，容易造成早期下沉离层、自动倒柱或人员、设备碰撞倒柱，顶板丧失了支撑物而冒落。

2. **顶板破碎事故预防方法** 预防破碎顶板事故主要有以下方法：

（1）减小顶板暴露面积和缩短顶板暴露时间

1）单体支柱采煤工作面：及时挂梁或探板，及时打柱；顶板和煤壁插背严实；减少爆破对顶板的震动破坏、不放顶炮，底炮要稀且少装药。一次爆破的炮眼要少；在工序安排上，回柱放顶、爆破和割煤三大工序要相互错开 15m 以上距离，以减少它们对顶板的叠加作用。

2）综采工作面：选择并使用液压支架护帮板和伸缩梁；采用带压移压方法，防止顶板反复支撑变得更加破碎甚至冒落；采用液压支架顶梁带板或超前架棚的方法支护顶板；铺金属顶网或塑料顶网，以防破碎顶板由架间冒落。

（2）特殊条件下破碎顶板支护技术： 采掘工作面通过断层、褶曲等地质构造带，采空区，老巷道和石门时，往往出现顶板破碎、倾角变化、煤层变软、淋水增加、压力加大等不良情况，必须针对具体条件制定专门的安全技术措施，确保不发生破碎顶板漏垮型顶板灾害。

（三）掘进工作面顶板事故预防

掘进工作面顶板事故主要发生在：迎头处、巷道维修更换支架处、巷道交叉处和地质变化处。

掘进工作面迎头处顶板事故预防 掘进工作面迎头，一般为临时支护，架设时间短，初撑力小，容易被放炮蹦到。同时受临时情况的影响，前探梁架设质量一般不高。在地质构造发生变化的情况下，掘进工作面迎头是冒顶的多发区域。

（1）根据掘进工作面顶板岩性，严格控制空顶距，坚持用好超

119

前支护，严禁空顶作业。

（2）严格执行"敲帮问顶"制度。

（3）支架架设牢固，支架间的撑木或拉杆牢固，支架与顶板之间的空隙插严背实。可缩性金属支架使用力矩扳手拧紧卡缆。

（4）在迎头往后 10m 范围内爆破前，必须先加固支架，崩倒、崩坏的支架必须修复完好后，人员方可作业。

（5）合理布置炮眼和装药量，以防崩倒支架或崩冒顶板。

（6）采用喷射混凝土支护形式时，一次喷射厚度不得低于 50mm，设计要求喷射 100mm 厚度时，要分层喷射，其间隔时间在 2 小时以上。

（四）露天煤矿边坡事故的原因和预防

边帮滑坡、坍塌事故产生的原因包括边坡过陡或其他外力破坏，检查处理不及时，挂帮矿体未经论证盲目开采，没有建立健全边坡管理制度。

1．边坡失稳事故

（1）产生原因

1）边坡设计参数不合理或未严格按照边坡设计要求进行施工，使边坡掩体失稳而造成滑坡、坍塌、高处坠物、物体打击等。

2）未对采场边坡稳定性进行及时观测或由于地表水渗入边帮岩体失稳而发生滑坡、冒落、坍塌等危险。

（2）预防措施

1）台阶高度不得超过 5m，宽度不得超过 20m。边坡浮石清除完毕之前，其下方不能有作业人员和设备。邻近最终边坡的采剥作业应按设计规定的宽度预留安全运输平台，要保持阶段的安全边坡角，不得超挖坡底。发现采场上部地表有裂隙产生时，应重点加以防范。

2）边坡监测系统设计应根据最终边坡的稳定类型、分区特点，确定各区监测级别。对边坡进行定点定期观测，技术管理部门应加强边坡观测，及时整理边坡观测资料，用于指导采场安全生产，对存在不稳定因素的边坡应长期观测，发现问题及时处理。

3）施工区队必须设置专人负责边坡的管理工作，对运输和行人的非工作帮，每班必须3次进行安全稳定性检查（雨季加强）。及时消除隐患，发现边坡有塌滑征兆时，有权制止采剥、排弃等作业，并立即向指挥部报告。

4）施工作业现场必须建立排水系统，上方设截水沟，防止地表水渗漏到采场。设置专用的防洪排水系统，在采场外围汇水方向设拦水坝和导水渠，在出入采场的道路一侧开挖排水沟，将大气降水直接引出采场。防止地表水渗入边坡岩体的软弱结构面或地表水直接冲刷边坡。

5）对采场工作帮每班进行检查，发现异常及时处理。对凹陷露天坑内的临时积水坑，要设置在采坑内的底凹处，临时集水坑应加盖或设栅栏，并设明显标志和照明设施，防止施工设备或人员误入。

2. 滚石、物体打击事故　事故产生原因，是采场边帮安全平台过窄或无平台；清扫平台宽度不足，无可靠保护措施；作业人员无防护或防护不到位。

预防措施

1）必须按设计规定的宽度预留安全平台、清扫平台、运输平台。每个阶段采剥结束，及时清理平台上的疏松岩土和坡面上的浮石，并组织有关部门进行验收。

2）建立专业边坡维护队伍，及时清除边坡上的浮石，发现隐情、险情，首先停止作业，撤离人员再进行处理。暴雨过后，应对周围边坡情况进行详细检查，确认安全后方可进行作业。

3）进入工作区所有作业人员必须佩戴安全帽，未佩戴安全帽不能进入采场。

3. 高处坠落事故 事故产生原因：作业人员无防护或防护不到位，作业环境不良。

预防措施

1）开采边界必须设可靠的围栏和醒目的警示标志，防止无关人员误入，采场边界 2m 范围内，可能危及人员的树木及其他植物不稳固材料和岩石等，必须及时清除。采场边界上覆盖的松散岩土层厚度超过 2m 时，其倾角必须小于自然角。

2）采场必须设人行通道、安全标志和照明，上、下台阶之间设带扶手的梯子。

3）在距地面高度超过 2m，或者坡度超过 30° 的坡面上作业时，作业现场应有可靠的安全绳和安全带，多人不能同时使用一条安全绳。

4）因遇大雾、尘雾或照明不良影响能见度，或因暴风雨、雪或有雷击危险时，应立即停止作业，人员转移到安全地点。

建立高处作业安全管理制度、个人防护制度，正确使用防护用品。加强业务技能学习，提高作业人员技能。

（李硕彦）

第十节 爆破中毒窒息事故

煤矿井下爆破后，炮烟中主要气体不仅对人体有害，而且能对井下瓦斯、煤尘爆炸起催化作用。防止炮烟熏人的准备工作：一是保护好风机风筒，确保风流畅通。二是回风流巷道不准有人工作。三是回风流巷道的一切杂物需清理干净。四是爆破工通过炮烟区域时，要用湿毛巾捂住口鼻。

预防爆破后有毒有害气体的措施

（一）正确选择炸药

对选用的炸药，特别是新品种炸药的性能、规格、使用范围必须了解。有条件地矿厂还要检验厂方提供的包括有害气体在内的炸药的各项指标是否正确与合乎要求。

（二）正确使用炸药

炸药反应程度与炸药组分、密度、颗粒起爆能、装药直径和爆炸壳材料有关，故在使用时要保证炸药充分爆炸，减少有毒气体的生成。

（三）加强洒水与通风

通风能排除有毒气体，洒水可以把氮氧化物变为硝酸或亚硝酸从碎石或岩缝中驱逐出去，如果水中加入碱性溶液，效果会更好（图 2-10-1）。

（四）炮烟散尽后再进入工作面

采掘工作面爆破后必须等 15 分钟后，工作人员才可以再进入工作面。一是避免炮烟未被吹散，造成炮烟熏人，使人慢性中毒；二是防止炸药迟爆现象，导致意外爆炸伤人事故。

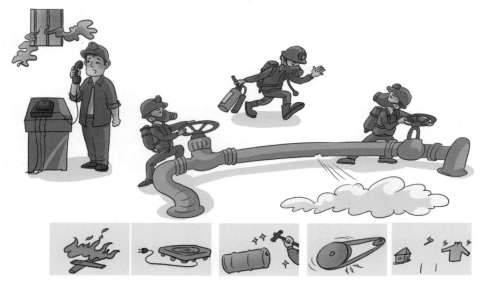

图 2-10-1　中毒窒息事故的自救

（李硕彦）

第十一节　尾矿库事故

尾矿库，实际就是高势能的人造泥石流危险源。一旦溃坝，会导致人员伤亡、财产损失和环境破坏（图 2-11-1）。

一、尾矿库灾害类型

按照尾矿库失事的直接原因分类，尾矿库灾害类型有：

洪水漫顶灾害——因洪水及排水系统引起的事故。

坝基坝坡失稳灾害——尾矿坝坝体及坝基稳定性不足引起的事故。

山谷型：山区和丘陵地区，多利用山谷，三面环山，谷口一面筑坝

傍山型：丘陵和湖湾地区，利用山坡洼地，三面或两面筑坝

平地型：在平原和沙漠地区，平地凹面筑坝

特点：初期坝和后期尾矿堆坝工程量大；堆坝高度受限不高；汇水面积小，排水构筑物相对较小；国内平原或沙漠戈壁地区常采用这类尾矿库

山谷型尾矿库特点：初期坝相对较短，坝体工程量较小，后期尾矿堆坝较易管理维护；库区纵深较长，尾矿水澄清距离及干滩长度易满足设计要求，国内大中型尾矿库基本为山谷型；

傍山型尾矿库特点：初期坝相对较长，初期坝和后期尾矿堆坝工程量较大，汇水面积小，但调洪能力较低，库区纵深较短，尾矿水澄清距离及干滩长度受到限制，堆积坝的高度和库容一般较小；国内低山丘陵地区中小矿山常选用。

图 2-11-1　尾矿库的特点和分类

尾矿坝裂缝事故——尾矿坝开裂引起的灾害。

其他灾害——周边环境引起的事故。

二、尾矿设施常见的问题

尾矿设施占地多、投资大，对环境有一定的影响。尾矿本身又不能直接产生效益，所以在生产矿山中有不少尾矿库不同程度地存在着一些不安全因素和隐患。尾矿设施往往是管理薄弱环节。目前，对尾矿坝安全生产管理及事故分析多数还停留在凭借经验的阶段。许多矿山尾矿坝未设置观测设施，缺乏科学有效的监测手段。尾矿技术人员多数兼职，没有受过专门培训。

三、尾矿灾害预防措施

造成尾矿库危害及事故的原因是多方面的，主要包括：设计不

当、施工不良，管理不到位和技术落后等原因。

（一）精心设计

优秀的设计方案和设计质量是保证尾矿库（坝）安全、经济、高效运行的基础。因此在尾矿库建设前期应严格按照基础程序，委托高水平的设计部门，切实做好基础资料的收集和方案论证，杜绝个人设计。

（二）精心施工

施工是贯彻设计意图，保证尾矿坝安全的关键环节。施工质量的好坏直接关系到国家和人民生命的安全。为保证工程质量，必须做到使用经过专业培训的队伍，明确质量标准，加强监管。

（三）科学管理，建立健全规章制度

尾矿库具有边施工边使用的特点，坝体形成的过程要借助尾砂堆坝，堆坝周期一般较长，随着坝体逐年增高，需要依次封堵排水井的进水口，才能保证坝体的安全。在堆坝过程中，基坝、排水井和泄洪沟长期受水压、渗透冲刷、溶蚀、气蚀、磨损、腐蚀等物理、化学作用，经受洪水、严寒、冰冻等恶劣气候条件的影响，使尾矿设施很难保证始终如一的良好运行状态。

（李硕彦）

第三章

矿山行业人员突发事故急救技术

矿山事故不可避免，事故造成的创伤和其他损伤造成的死亡第一个高峰期往往在数分钟至 1 小时以内。然而当事故发生后，矿山救护队及医疗救援人员无法即刻到达现场展开救援，此时矿山从业人员就不能坐以待毙、被动等待，而应通过自己掌握自救互救技术积极开展自救互救，以减少人员伤亡。

第一节　自救互救的原则

当事故发生后，现场的矿山从业人员应遵循"报、救、撤、躲"的原则开展自救互救。

一、"报"，即及时报告

现场的矿工要立即通过最近的电话等通讯方式将现场情况向调度室进行报告。报告时应注意如实上报，内容包括发生事故的时间、地点、事故的性质、现场人数（包括受伤及未受伤的），以及事故波及范围等，切忌夸大及主观臆断，以免影响调度判断，贻误

救援。另外应及时向事故波及周围发出警报，指引人员快速撤离至安全地点。

二、"救"，即现场自救互救、消除灾害

现场发生人员受伤、被掩埋、被困等应在确保安全前提下，充分利用现场条件开展自救互救；并将事故消除在起始阶段或控制在最小范围内，最大可能减少事故损失。抢救人员时要遵循"三先三后"的原则，即：先抢救有生命体征者，后抢救遇难者；先抢救危重伤员，后抢救轻伤员；先抢救容易的，后抢救困难的。

三、"撤"，即安全撤离

当现场不具备条件时，现场人员要迅速撤离以减少人员伤亡。撤离时应由现场班组长或有经验的老工人负责，根据矿井事故应急预案规定的路线或当时的实际情况，选择安全条件好、路线短的线路，迅速撤离至安全区域。在撤离时，切勿慌张四处乱撞，要服从指挥，有序撤离，必要时佩戴自救器。

四、"躲"，即妥善躲避

如无法撤离（如发生冒顶，通路被阻塞等）时，应迅速进入就近的硐室或相对安全的区域等待救援。进入硐室前，应在硐室外留有衣服、矿灯等明显标志，在硐室内应通过间断敲击金属物、岩石等方式发出信号，以便救援人员及时发现。等待期间应避免情绪失控，互相安抚及互助互救，将水、食物、光源等必需品统一分配，尽量延长生存时间。

（涂学亮　窦启锋　张亮）

第二节　自救互救技术

　　通过第一现场、第一时间使用可及的简单设施、物品开展自救互救能够显著降低死亡率、致残率，降低损失。因此，所有矿山从业人员均需要掌握简单的现场急救知识及技术。常用的现场急救技术包括：现场评估、心肺复苏、气道维持技术及创伤急救技术（止血、包扎、固定及搬运）等。

一、现场评估

　　现场评估的内容包括现场环境的评估及伤病员伤情的评估，环境的评估目的是确保施救现场安全及发现危及施救者及伤病员的因素；伤情的评估目的是决定下一步急救措施，以及在施救力量有限时急救的先后顺序。

（一）环境的评估

　　首先要强调的是，没有绝对安全的场所，所处的环境安全与否，与灾难类型及所在位置的特点有关，哪怕是同一地点，针对不同类型的灾难，如气体泄漏、火灾、透水等，其安全性是不同的。

　　现场环境评估的目的：避免二次伤害，提高抢救成功率。

　　仅在安全的情况下深入现场。需要从以下方面进行评估现场安全。

　　看：查看有无化学品溢出，有无身边物品倒塌或驶来的车辆等

129

危险。

听：倾听诸如振铃警报或泄漏气体之类的声音。

闻：气味或烟雾等。

灾难发生时应沉着冷静，严禁冒险蛮干，严禁各行其是和单独行动，保持情绪稳定，避免惊慌失措，防止次生事故的发生。如果存在危险，请保持安全距离，一旦确保现场安全，你可以酌情提供帮助。避免进入通风不良的受限区域和有爆炸危险的地方（例如，丙烷或天然气泄漏）。要注意，现场环境可能会随时发生变化，因此安全区域很快就会变得危险。即使你的初步评估显示危险风险较低，但持续注意你周围的环境也很重要。如果是在井下，最重要的是下井前熟悉自救器的使用，了解避难硐室的存在。

以下列举特殊灾难发生时的特点以供参考：

瓦斯爆炸事故：瓦斯爆炸可以感受到附近空气有颤抖的现象发生，可能伴有"嘶嘶"的空气流动声音。此时，新鲜的进风侧，相对完整的掘进巷道才是相对安全的，如果巷道难以打通，避难硐室就是相对安全的。

煤与瓦斯突出事故：进风侧是相对安全环境，如果到不了，避难硐室是相对安全环境。

矿井火灾事故：事故发生时尽可能迅速了解事故的性质、发生的具体地点、范围和事故发生区域的巷道情况，通风系统、目前的火灾和烟气弥漫的速度、方向及与自己所处巷道位置之间的关系以确定相对安全环境。必要时避难硐室及有新鲜空气的地方就是相对安全环境。

透水事故：在可能情况下迅速判断透水的地点、水源、透水量等情况，透水地点以上的水平是相对安全环境。必要时候选择避难硐室。

冒顶事故：煤帮及质量合格的木垛可以有效帮助避免砸伤。

在这里再次强调，在很多时候灾难现场环境可能是复杂多变的，遇险人员要沉着冷静、随机应变、认真组织、遵循原则、团结互助、及时联络、树立坚定的信念。

（二）伤情的检查与评估

在这里要再次强调，判断伤情的前提是周围环境尽可能的安全。如果不能保证环境安全，评估过程要尽量节省时间。

做初步判断的时候，不要着急搬动伤员，不恰当的搬动极有可能造成二次损伤加重病情甚至加快死亡进程。

初步判断：首先要快速结合周围环境建立初步总体印象，判断患者受了什么伤，例如砸伤、气体中毒等，如果环境无明显异常，患者自发疾病可能性大。

环境评估后接触患者进行常规判断：

检查意识状态：通过呼唤或者疼痛刺激的方式，观察患者能否做出反应，这里要注意的是，在患者有可疑颈椎损伤的时候避免摇晃患者，以免造成颈椎二次损伤。清醒的患者可以根据患者的主观诉说确定损伤部位，昏迷患者进行下一步。

检查心跳或者脉搏：这里要注意的是不推荐检查桡动脉，推荐的是颈动脉搏动，同时检查时间不能少于 5 秒，不超过 10 秒，如果未触及搏动，立即给予心肺复苏。

检查呼吸道：最简单的方式，如果患者能够正常说话或者哭喊，说明呼吸道是畅通的，如果患者意识障碍，出现了"打鼾"的表现，就要用后面心肺复苏里所教的相关手法打开呼吸道，必要时可以用海姆立克手法或者胸部按压尝试排出呼吸道异物。同样的，打开气道之前要注意保护颈椎。

检查呼吸情况：确保患者的呼吸道通畅，如果患者的呼吸节律、频率出现异常，例如濒死样呼吸，要立即给予人工呼吸。

检查是否存在体表活动性出血：如果有出血情况，给予止血治疗（详见止血章节）。

针对群体伤员：

原则：要充分发挥所有的人力物力，以抢救尽可能多的伤员。

方法：批量伤员检诊分诊法（四色法）

1. **红色（危重伤）** 有生命危险，积极救治可能挽救生命，用红色标记，为第一优先；

2. **黄色（重伤）** 伤情严重，应该尽早得到救治，有重大创伤但可短暂等候而不危及生命或者导致肢体残缺，为第二优先；

3. **绿色（轻伤）** 伤者神志清楚，身体受伤但是并不严重，可自行行走及没有严重创伤，其损伤可延迟处理，也称第三优先；

4. **黑色** 死亡或者无法救治的创伤。

具体实施方法：

1. **行动检查** 指引能够活动的患者到一定区域（绿色区域），然后到不能活动的患者旁边进行进一步检查。

2. **意识程度检查** 检查头部有无明确外伤，给予简单问题或者指令动作。能够准确回答或者按照指令行事（绿区），回答不确切（黄区）、不能回答（红区）。

3. **血液循环检查** 触摸颈动脉，如果触摸不到（红区），如果正常继续下一步。

4. **呼吸检查** 呼吸道是否畅通，呼吸的节律及深度等。如果异常送至红区，如果正常继续下一步。

5. **肢体及躯干的挤压伤伤情** 胸腹部挤压伤、四肢挤压伤。根据出血情况或者是否会遗留严重功能障碍等情况划分至绿、黄、红区域。

（涂学亮　赵广志　刘晋豫）

二、现场心肺复苏

（一）心肺复苏的概念

心肺复苏（cardiopulmonary resuscitation，CPR）是指采用徒手和/或辅助设备来维持呼吸、心搏骤停患者人工循环和呼吸的基本抢救方法，包括开放气道、人工呼吸、胸外心脏按压、电除颤以及药物应用等。

因为大脑对于缺氧的敏感性及脑组织损伤不可逆转等特性，心肺复苏必须及时，越早越好。简单来说，越早的心肺复苏成功率越高。

（二）现场心肺复苏的实施

1. 评估现场安全 现场环境的安全性是第一重要的，相对容易判断，如果所处环境危险，必须先转移至安全地带，伤情不明时移动伤病员需要谨慎，避免造成二次损害（图 3-2-1，图 3-2-2）。

图 3-2-1 判断意识　　　　图 3-2-2 检查颈动脉与呼吸

2. 体位调整 仰卧位、硬支撑。要注意如果需要翻转，头颈躯干不能扭曲。

3. 识别 意识（重呼轻拍）、心跳（颈动脉搏动）、呼吸（听、看）。

注意要点：

（1）重呼轻拍意思为高声呼喊，轻拍患者双肩，避免摇晃患者。

（2）颈动脉搏动点在喉结旁开 2 手指位置。

（3）呼吸判断依靠看胸廓起伏。

（4）判断时间一般为 6 ~ 10 秒，一般我们发音单音节为 1/4 秒，所以连续四个音节一般为一秒，可以默念 1001/1002/1003/1004/1005/1006 等。

4. 暴露患者胸部，同时呼救，寻求更多帮助。

5. 胸部按压

按压部位：胸骨中下部（图 3-2-3）。

按压频率：100 ~ 120 次 /min。

按压深度：5 ~ 6cm，压下去后要让胸廓充分回弹。

按压方法：一手掌根紧贴按压区，再将另一只手掌根重叠放于定位手背上，两手手指相扣并抬起，手指脱离胸壁，按压时手臂绷直，

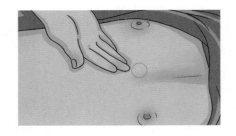

图 3-2-3　按压部位

肩关节、肘关节、腕关节在一条直线上，垂直下压（图 3-2-4）。

按压通气的比值：30：2，即按压 30 次，送气 2 次。

6. 开放气道 清除口鼻腔异物，是进行人工呼吸的必要前提条件。

仰头抬颏法（图 3-2-5）：急救者将一手掌置于患者前额，下

图 3-2-4　按压方法

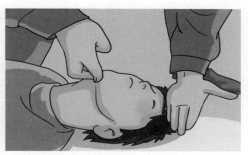

图 3-2-5　仰头抬颏法

压使其头部后仰，同时另一只手的食指和中指放置于下颏处将下颏向前抬起，帮助头部后仰，气道开放。

双手托颌法（图 3-2-6）：可疑颈椎损伤患者，急救者要用双手从两侧拖着双下颌向上推举并托住，使下颌骨保持前移状态，不需要使头后仰即可打开气道。

7. 人工呼吸　口对口人工呼吸（图 3-2-7）：每次吹气 1 秒，吹 2 次，吹气要有间歇。送气时一手放置于患者前额使头后仰，同时拇指与食指捏闭患者的鼻孔，另一只手握住颏部使头后仰。成功的送气可见胸廓上抬。吹气结束后要放松捏鼻的手，可见患者胸部下陷，此为呼气，呼气完毕后再次送气。

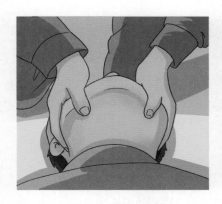

图 3-2-6　双手托颌法

图 3-2-7　人工呼吸：吸气

8. 自动体外除颤器（automated external defibrillator，AED）

AED 它的工作原理就是会自动分析患者心电示波，从而判断是否有室颤发生，一旦有室颤发生，便会自动放电进行除颤，还会提示你进行心肺复苏，如此循环，直到患者生命体征恢复或急救车到来为止。

AED 操作方法：

（1）开启 AED：打开 AED 的盖子，依据视觉和声音的提示操作（有些型号需要先按下电源）。

（2）给患者贴电极：在患者胸部适当的位置上，紧密地贴上电极。通常而言，两块电极板分别贴在右胸上部和左胸左乳头外侧，具体位置可以参考 AED 外壳上的图样和电极板上的图片说明。

（3）将电极板插头插入 AED 主机插孔。

（4）开始分析心律，在必要时除颤。

按下"分析"键（有些型号在插入电极板后会发出语音提示，并自动开始分析心率，在此过程中请不要接触患者，即使是轻微的触动都有可能影响 AED 的分析），AED 将会开始分析心率。分析完毕后，AED 将会发出是否进行除颤的建议，当有除颤指征时，不要与患者接触，同时告诉附近的其他任何人远离患者，由操作者按下"放电"键除颤。

（5）一次除颤后未恢复有效灌注心律，进行 5 个周期 CPR。

除颤结束后，AED 会再次分析心律，如未恢复有效灌注心律，操作者应进行 5 个周期 CPR，然后再次分析心律，除颤，心肺复苏，反复至急救人员到来或者复苏成功。

（三）现场心肺复苏的终止

1. 心肺复苏成功的指标

（1）**意识**：意识恢复，患者出现眼球、肢体的活动或者发出声音，复苏有效。

（2）**面色、口唇及甲床颜色：** 由青紫、发绀转为红润，复苏有效。

（3）**颈动脉搏动：** 可触及自主搏动，复苏有效。

（4）**自主呼吸：** 出现自主呼吸，复苏有效。

（5）**瞳孔：** 瞳孔正常大小或者较前缩小，光反射存在，提示复苏有效。反之则为复苏无效。

2. **停止心肺复苏的条件**

（1）患者心跳呼吸恢复。

（2）在现场复苏时有专业急救人员到场接手。

（3）复苏满30分钟没有任何效果（除低体温、溺水情况外）。

（4）施救者体力耗尽，无力继续施救。或者现场环境对急救人员的安全产生了威胁的情况下应终止抢救，立即撤出。

（涂学亮　王培山　张磊）

三、气道维持

在危重患者的抢救过程中，因为专业知识缺乏、现场环境或者致伤因素复杂，呼吸道的保护容易被忽视，但是要强调的是，颌面颈部的创伤、气道烧伤以及各种原因（尤其是颅脑外伤后）导致的无意识呕吐后误吸呕吐物、舌后坠等原因都会导致患者气道阻塞。如不及时开放气道保持通畅，会直接危及患者的生命。气道阻塞的处置和维持措施要求及时、有效、稳定，在现场急救及转运的整个过程中必须始终确保气道的稳定保护。如果确实情况紧急，可以直接用手为伤员开放气道，而在相对安全、稳定、有条件的环境下则应尽量使用相应的器械、器具开放气道，以保证通气质量。

因为本文主要针对无医学背景相关人员进行指导，这里不再赘

述相应器械或者专业工具来建立人工气道，主要的学习内容还是无创气道的建立。

无创气道是指操作者即非专业急救人员，在无特殊气道工具的条件下，用来保证患者气道开放，其中包括特殊体位和徒手开放气道。这些方法操作简单、易行、有效，在这里建议所有人员都应当掌握。

手法开放气道适用于患者意识障碍致保护性反射丧失，但是气道生理结构没有被破坏。主要方法有三个：仰头举颏法、仰头抬颈法、双手托颌法。这里要强调对于可疑有颈椎损伤的伤病员应当使用双手托颌法，慎用仰头举颏法和仰头抬颈法，避免造成严重二次损伤。需注意，这些操作为短时间的紧急处理，其意义在于尽快开放气道，在此基础上保持有效通气，为同时进行的气道评估和后续处理赢得时间（图3-2-8）。

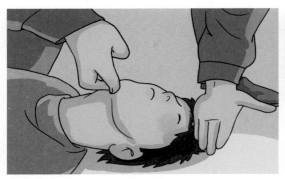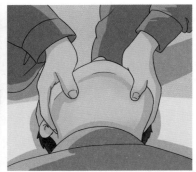

图 3-2-8　手法开放气道

如何识别患者将要或者已经发生气道梗阻：可将气道梗阻分为轻度和重度两类。轻度者，通常意识清楚且能够自主通气，但可能会出现一定程度的呼吸窘迫，呼吸音粗糙和呛咳。重度者，可突发呼吸困难，表现为呼吸急促费力，可伴有喉鸣、喘鸣、肋间 - 胸骨－锁骨上窝凹陷（三凹征）等症状和体征，并迅即出现发绀及晕厥。

对于已经失去意识、无气道梗阻的伤员，应采用仰头提颏法开放气道（具体实施方法同前一节），并摆放复苏体位，目的是防止舌后坠导致患者呼吸道梗阻；对于已发生或即将发生气道梗阻的伤员，若其已经失去意识，则按上述步骤操作，若其仍有意识，则保持呼吸道通畅的体位（如端坐前倾位）。

复苏体位，实际上是"复苏后"的体位，即患者呼吸心跳突然停止，经心肺脑复苏后患者呼吸心跳恢复但神志尚未恢复，等待进一步救援时采取的安全姿势。此时患者的情况应该是神志不清醒、呼吸循环尚稳定。所以同样适用于醉酒等神志不清但生命体征平稳（未经过复苏程序）的情况。采取复苏体位的最重要意义就是防止误吸。此方法简单有效，可用于醉酒、脑卒中、心脏病、癫痫等突发病的护理。

具体操作方法：

1. 将患者仰面平置于地面，必要时畅通气道（手法同前所述）。

2. 操作者面向患者蹲下或者跪地，一般平行于患者腰臀部位置，方便用力。

3. 将患者靠近你的一侧上肢摆成直角；患者对侧下肢屈曲支起。

4. 操作者握住患者对侧上下肢，将患者向自己方向翻动。

5. 将患者头部自然置于其近侧上肢之上，操作过程中注意保持气道的畅通。

6. 对侧下肢膝盖置地，起三角支撑作用。

7. 每隔 5 ～ 10 分钟重复检查患者意识、呼吸及心跳等情况，如有异常即开始进行急救。

注意事项：操作时需要注意保护颈椎等易损伤部位，如果患者已明确存在骨折等不适宜摆放体位情况，不必特意强迫摆出此体位。

（涂学亮　王培山　张磊）

四、创伤急救技术

创伤急救技术一般包括有止血、包扎、固定以及搬运。当发生突发安全事故后，我们除了要及时、准确、详细的报告灾情，也要积极地进行自救及互救，要寻找安全地带，在确定现场安全后，我们要对伤员进行病情的评估，如出现大出血、休克、呼吸困难、呼吸心脏停搏等严重病情时，我们要积极地给予对应抢救，在排除严重病情后，我们再给予止血、包扎、固定，以便安全地搬运。

（一）止血

1. 为什么要进行止血

创伤常常伴随出血，而血液是人体循环的重要组成部分，是维持组织、器官正常功能的必备物质，正常成人的血液总量占体重的 7%～8%，当伤者出现面色苍白、口干、口渴、烦躁、四肢冰凉时，提示患者已经出现休克，此时如积极止血，防止继续出血，患者病情将得到控制，但如果不能有效止血，患者将出现休克加重，多脏器缺血、缺氧衰竭，直至死亡；因此及时、有效的止血可减少患者的再出血，防止休克，挽救生命。

2. 常见的出血有哪些情况

出血有开放性出血和闭合性出血两种。

在事故现场，如患者胸部、腹部、骨盆外伤，出现腹痛、腹胀、胸闷、心慌、出汗、意识模糊等，考虑合并有闭合性出血，我们对于闭合性出血的治疗措施有限，但可通过抬高下肢、应用抗休克裤等来增加回心血量，减缓休克的损伤。

我们常见的出血一般有毛细血管出血、静脉出血和动脉出血。其中毛细血管出血多为皮肤擦伤、挫伤处的出血、渗血，出血量少，多能自行凝固止血；静脉出血多为伤口持续地流出、涌出，为暗红色血，经按压一般都能止血，但大静脉的出血量大，需及时止血，否则会出现休克，危及生命；动脉出血为深部伤口或肢体断裂处持续地喷出，随心跳而搏动，为鲜红色，出血量大，不易止血，易因出血量大而休克，严重者死亡。我们可通过一些相关处理达到止血目的。

3. 常用的止血方法有哪些

在突发安全事故的现场，我们常用的止血方法有以下几种，使用时要结合现场具体情况，一种或几种止血法一起应用，以达到快速、有效、安全的止血。

（1）指压动脉止血法：一般用于头部、四肢部位的出血。在伤口的近心端压迫动脉，从而阻断血液向伤口方向的流通。这是一种简便、有效又不需要器械就可以的止血方法，但也有止血时间短、容易劳累的问题，一般在其他止血方法前临时应用。

1）指压单侧颈动脉：一般用于一侧头面部的出血，方法：在受伤侧颈部可触及颈总动脉（搏动最强烈处），将拇指或其他四指放于此处，向颈椎方向压迫即可达到止血目的，一定不能双侧同时按压（图3-2-9）。

2）指压颞浅动脉：一般用于一侧头顶和额部的出血，方法：一只手在对侧固定伤员头部，另一只手的拇指放于伤侧耳前，可触及颞浅动脉（血管搏动处），向对侧按压即可达到压迫颞浅动脉止血的目的（图3-2-10）。

3）指压面动脉：一般用于颜面部的大出血，方法：面动脉在

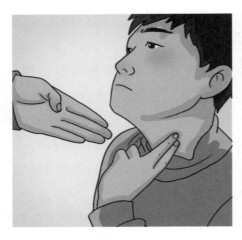 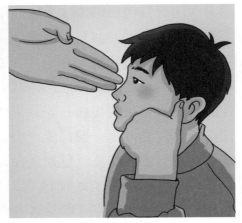

图 3-2-9　指压单侧颈动脉　　　　图 3-2-10　指压颞浅动脉

我们的双侧下额角前约 1cm 的凹陷处通行，将我们的手指（拇指或食指）放于此处，向骨头方向压迫即可阻断面动脉的血流达到止血目的。因为面动脉有许多的吻合分支，有时需要压迫双侧（图 3-2-11）。

4）指压耳后动脉：一般用于一侧耳后的外伤出血，方法：一只手在对侧固定伤员头部，另一只手在我们的伤侧耳后，找到并将拇指放于乳突下凹陷处，向内压迫即可阻断耳后动脉并达到止血目的（图 3-2-12）。

5）指压枕动脉：一般用于一侧头后枕骨附近的伤口出血，方法：用一只手固定伤员头部，将一只手的四指放于耳后与枕骨粗隆间的凹陷处，向内压迫即可阻断枕动脉达到止血目的（图 3-2-13）。

6）指压锁骨下动脉：一般用于肩腋部的伤口出血，方法：将拇指放于同侧锁骨上窝中部并触及搏动点（锁骨下动脉），然后向深处的肋骨方向压迫即可达到止血目的。

7）指压肱动脉：一般用于肘关节以下部位伤口的出血，方法：

图 3-2-11　指压面动脉

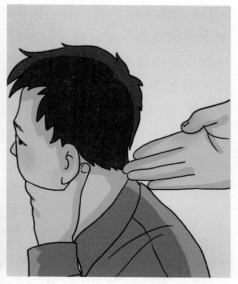

图 3-2-12　指压耳后动脉

一只手固定伤员手臂，另一只手的拇指在伤侧上臂中段内侧（肱二头肌内侧）可触及肱动脉搏动，向骨头方向按压即可阻断肱动脉的血流并止血（图 3-2-14）。

图 3-2-13　指压枕动脉

图 3-2-14　指压肱动脉

8）指压桡、尺动脉：一般用于手部伤口的出血。方法：在伤侧手腕的两侧可触及桡动脉和尺动脉，用两手的拇指合力压迫即可达到止血的目的。桡、尺动脉在手掌部有吻合支，所以必须一起压迫（图3-2-15）。

9）指压指（趾）动脉：一般用于手指或脚趾的伤口出血，方法：指（趾）动脉分布于手指或脚趾的两侧，用拇指和食指一起压迫即可达到止血的目的（图3-2-16）。

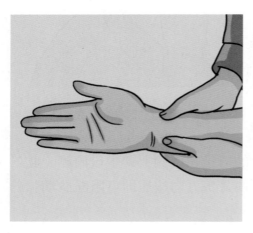 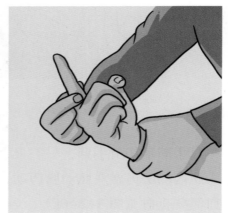

图3-2-15　指压桡、尺动脉　　　　图3-2-16　指压指（趾）动脉

10）指压股动脉：一般用于一侧下肢伤口的大出血，方法：将拇指放于伤肢腹股沟中点稍下方，寻找并触及搏动点（股动脉），向下用力按压即可阻断流向下肢方向的血流并止血（图3-2-17）。

11）指压胫前、后动脉：一般用于一侧脚部伤口的出血，方法见图3-2-18。在伤脚足背中部和足跟与内踝之间可触及搏动的胫前动脉及胫后动脉，分别用两手的拇指和食指压迫即可达到止血目的。

（2）**屈曲关节止血法：**在肘关节或膝关节处加垫并屈曲关节，通过压迫肱动脉或腘动脉来止血（图3-2-19）。

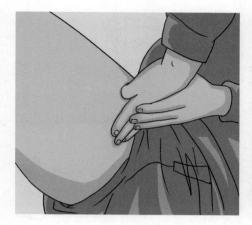
图 3-2-17　压股动脉

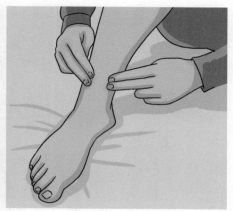
图 3-2-18　指压胫前、后动脉

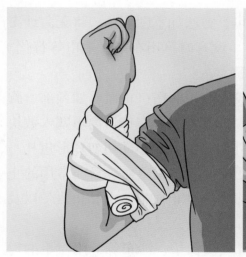

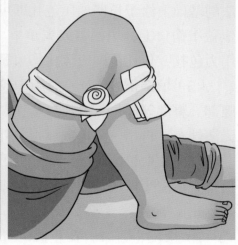

图 3-2-19　屈曲关节止血法

（3）**直接压迫止血法：**一般用于较小的伤口止血，方法：将无菌纱布（必要时可用干净的毛巾、布料替代）放于伤口处直接压迫十分钟即可止血（图 3-2-20）。

（4）**加压包扎止血法：**可用于绝大部分伤口，在直接压迫止血

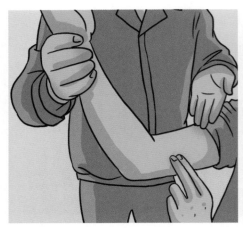

图 3-2-20 直接压迫止血法

法的基础上给予长期加压包扎即可，方法如下图所示。将无菌纱布
覆盖于伤口上，用绷带或三角巾（没有时可用布条、毛巾等替代）
用力包扎，包扎范围应该比伤口稍大。

（5）填塞止血法：一般用于较大而深的伤口止血，如颈部、胸
腹部、臀部等部位，方法：依伤口深度及大小在伤口内填塞入数块
无菌纱布，再用三角巾或绷带包扎固定即可。颈部切勿环形包扎。

（6）止血带止血法：仅仅适用于四肢的大出血，目前常用的止
血带有橡皮（橡皮条或带）止血带、气性止血带、卡扣止血带以及
布制止血带。

1）橡皮止血带：在止血位置处垫棉垫、纱布等，用左手的拇
指、食指和中指紧握橡皮带或条的起始端并预留 10cm 的长度，将
手指背侧放在扎止血带的部位，用右手持橡皮带或条绕伤肢 2～3
圈，每次绕圈均要压于起始端之上，然后把末端塞入左手的食指与
中指之间并夹紧，向下牵拉左手的食指与中指，使之成为一个外观
呈 A 字形的活结。缠绕时力量要均匀、有力，防止不能有效止血
（图 3-2-21）。

2）气压止血带：目前常用的血压计袖带使用方法比较简单，止血位置处垫棉垫、纱布等，把袖带绕在扎止血带的部位，然后打气至伤口停止出血（图 3-2-22）。

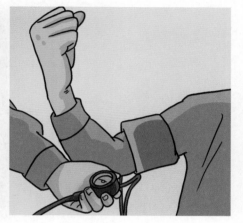

图 3-2-21　橡皮止血带止血　　　图 3-2-22　气压止血带止血法

3）卡扣止血带：止血位置处垫棉垫、纱布等，把止血带绕在止血部位，然后拉紧卡扣至伤口停止出血。

4）布质止血带：在止血位置处垫棉垫、纱布等，用绷带、布条、折成带状的三角巾等自制的布制止血带绕止血位置一圈，打蝴蝶结固定；取一根木棒穿过布带圈，顺时针方向旋转木棒并绞紧，当伤口不再出血，固定木棒使其不能泄力松懈即可。

注意事项：①止血带的部位要正确：上肢应扎在上臂上、中 1/3 处，过低则易因压迫神经而至神经损伤。下肢应扎在股骨上、中 1/3 交界处；②所有止血带均应衬衬垫：衬垫可避免或减少皮肤损伤；严禁将钢丝、电线等当作止血带用（不具有延展性，易损伤皮肤、肌肉、神经，组织坏死）；③适当的松紧度：过松则不能止血，过紧则损伤组织，以伤口不再出血、远端动脉搏动摸不到为目标；④时间要牢记，定期要放松：要有清晰的标记，并记录止血部位、止血时间，0.5～1小时放松3～5分钟，一般不应超过4小时（图3-2-23）。

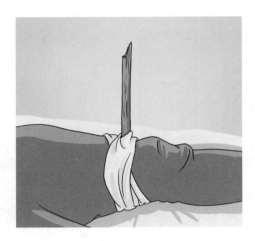

图3-2-23　布质止血带

（涂学亮　刘万周　孔瑞峰）

（二）包扎

1. 为什么要进行包扎

创伤常常造成皮肤的损伤，而皮肤是人体的屏障，对于外界的细菌、病毒等病原体起保护和隔离作用。在皮肤受损后，外界的空气、泥土、污物携带着细菌、病毒等病原体通过受损的皮肤伤口进入人体，造成伤口的感染，因此恢复受损皮肤的保护、隔离作用尤为重要，而在事故现场最简单有效的处理则是包扎。它能起到减轻疼痛、减少出血、保护创面、固定敷料、防止污染的作用。

2. 伤口包扎前的处理

如有矿泉水、纯净水等物品或碘伏、酒精等消毒物品，可在包扎前进行伤口的冲洗及消毒处理，消毒时应从伤口内侧向外螺旋消毒，消毒范围距离伤口至少 5cm，消毒 2～3 遍。对于伤口内有异物，可酌情取出，对于刺入人体及附近有大血管的，禁忌轻率拔出。

3. 包扎的方法有哪些

常用的包扎方法有绷带包扎法和三角巾包扎法，如现场条件不允许，干净的毛巾、布料也可临时替代。包扎时要做到"快、准、轻、牢"，"快"则是动作要快速，"准"则是包扎位置要准确，"轻"则是动作要轻柔，"牢"则是固定要牢固。

（1）绷带包扎法

1）环形包扎法：适用于小伤口的包扎，伤口上放无菌敷料，用绷带从伤口的远心端开始做稍斜向缠绕第一圈，其后开始做环形缠绕，将第一圈斜出的绷带角反折后压于第二圈内，继续重复缠绕，最后将绷带尾端用胶布粘贴固定，固定后要检查包扎是否松动、敷料位置是否变动。

2）螺旋包扎法：适用于除关节外的四肢和胸腹等部位的伤口包扎，伤口覆盖敷料后先环形包扎 3 圈，然后从肢体远端向近端缠绕，每缠一圈需要盖住前圈的 1/3～1/2 使其形成螺旋状，最后再环形缠绕 3 圈，剪去多余的绷带并固定。

3）螺旋反折包扎法：适用于除关节外的四肢伤口包扎，伤口覆盖敷料，先环形包扎固定起始端，然后向近心端螺旋缠绕，但在每圈将绷带反折一次，每次反折时用拇指按住绷带上面，另一手将绷带自此处反折向下、向后缠绕，后圈覆盖前圈 1/3～1/2，最后剪去多余的绷带，固定。

4）"8"字形包扎法：适用于关节处伤口的包扎，在伤口上下，将绷带自下而上，再自上而下，重复做"8"字形旋转缠绕，每圈遮盖上一圈的 1/3～1/2，最后剪掉多余的绷带，固定（图 3-2-24）。

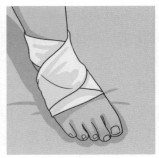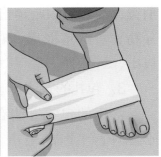

图 3-2-24 "8" 字形包扎法

5）回返式包扎法：适用于头部伤口的包扎，先环形包扎固定起始端，再将绷带反复进行来回的折返，由中央向两边，每一来回均覆盖前一次的 1/3 ～ 1/2，直至伤口全部覆盖后再环形包扎，把反折处压住固定。

（2）三角巾包扎法：

1）头部三角巾包扎：主要用于头顶部的外伤包扎。方法：将无菌纱布覆盖在伤口上，将三角巾的底边反折两次（宽度 2 ～ 3 指），将反折后的底边中心放置于伤员眉弓处，顶角经头顶拉到枕部，使三角巾包围头部，双手紧握底角，经耳上向后拉紧并压住顶角，在枕部交叉返回到额部中央打结，将头顶三角巾平整拉紧，最后把顶角塞于枕部并固定（图 3-2-25）。

2）面部三角巾包扎：主要用于颜面部外伤。方法：伤口处放无菌敷料，把三角巾顶角打结置于头正中，底边与下颌平齐，使三角巾罩住面部，双手持两底角向后拉向枕部，在枕部交叉反回到额部中央打结。同时要在口、眼、鼻处用剪刀剪洞开窗，以便呼吸及视物。

3）头部三角巾十字包扎：主要用于下颌、耳部、前额以及颞部的小伤口，方法：伤口放置敷料，将三角巾折叠成带状（约三指宽）放于下颌处，手持带巾两端经耳部向上，一端置于颞部，另一端绕头顶与短的交叉成十字，再经额、颞、耳上、枕部环绕头部，最后打结固定（图 3-2-26）。

图 3-2-25　头部三角巾包扎

图 3-2-26　头部三角巾十字包扎

4）眼部三角巾包扎：主要用于眼部外伤，方法：单眼：伤眼覆盖无菌敷料，将三角巾折叠成带状（约三指宽），以上 1/3 处斜放于伤侧眼部，下 2/3 从伤侧耳下绕经枕部向健侧耳上至前额压住上侧较短的一端后，再环绕头部至健侧颞部，与翻下的另一端打结；双眼：伤眼覆盖无菌敷料，将三角巾折叠成带状（约三指宽），中心置于头后枕骨上，两端经耳上拉向眼前并在双眼间交叉，再分别从耳下拉至枕部打结并固定（图 3-2-27，图 3-2-28）。

5）颈部三角巾包扎：主要用于颈部外伤的包扎，方法：伤口处覆盖无菌敷料，把三角巾折叠成带状（三四指宽），压住敷料后持两端绕过伤者上举健侧手臂，在健侧腋窝根部打结并固定（图 3-2-29）。

6）胸部三角巾包扎：主要用于一侧胸部的外伤，方法：伤口处覆盖敷料，将三角巾的底边正中置于胸部伤口的下侧，顶角经前胸置于伤侧的肩上，手持底边的两端水平绕胸部及侧胸部至背后

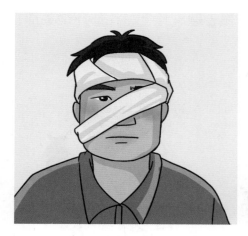

图 3-2-27　三角巾单眼包扎

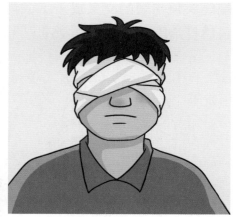

图 3-2-28　三角巾双眼包扎

打结，将三角巾顶角的系带与背部的三角巾底边打结并固定（图 3-2-30）。

7）背部三角巾包扎：主要用于一侧背部外伤。包扎方法同胸部三角巾包扎法，只是前后相反。

8）侧胸部三角巾包扎：主要用于单侧侧胸的外伤，方法：伤口处覆盖敷料，将三角巾折

图 3-2-29　颈部三角巾包扎

成燕尾式，持燕尾的底边两端（一端为原三角巾的顶角，一端为原三角巾底边的一点）紧压在敷料上，用三角巾顶角的系带环绕过对侧胸部与燕尾的另一底边打结，将燕尾的夹角对准伤侧腋窝，上拉两个燕尾角分别经前胸及后背至对侧肩部打结。

9）肩部三角巾包扎：主要用于肩部的外伤，方法：单肩包扎法：伤口覆盖敷料，将燕尾三角巾的燕尾夹角对着伤侧颈部，巾体

图 3-2-30 单胸部及双胸部三角巾包扎

压紧敷料，将燕尾的底部两端包绕上臂并于腋下打结，将两个燕尾角分别经前胸及后背拉到对侧腋下打结固定。双肩包扎法：伤口覆盖敷料，将三角巾的底边放在两肩上并包绕敷料，手持三角巾的底角向前下方绕至腋下再至背部于顶角一起打结固定（图 3-2-31）。

10）腋下三角巾包扎：主要用于一侧腋下外伤，方法：伤口覆盖敷料，将三角巾折成带状，以带状三角巾中段压紧敷料，将带状三角巾的两端向上提起并于同侧肩部交叉，然后分别经前胸和后背斜向至对侧腋下打结固定（图 3-2-32）。

11）腹部三角巾包扎：主要用于腹部外伤，方法：伤口覆盖敷料，将三角巾顶角置于会阴部，将三角巾底边置于胸腹部交界处或上腹部，持三角巾的两个底角绕至伤员腰背部并打结，将三角巾顶角系带绕过会阴部和底边打结并固定（图 3-2-33）。

图 3-2-31　肩部三角巾包扎

图 3-2-32　腋下三角巾包扎

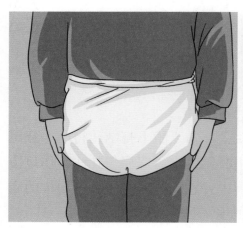

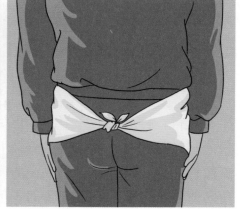

图 3-2-33　腹部三角巾包扎

　　12）臀部三角巾包扎：主要用于臀部外伤。单侧臀部：方法同侧胸外伤包扎法，伤口覆盖敷料，将燕尾式三角巾的燕尾夹角对着伤侧腰部，将两个燕尾角斜向上拉到对侧腰部打结，将燕尾三角巾持燕尾的底边两端（一端为原三角巾的顶角，一端为原三角巾底边的一点）中的顶角系带环绕伤侧大腿根部并于另一端打结。双侧臀部：需要将两条三角巾的顶角连接一起，将结置于后腰部偏下，双手持上面的两个底角由背后绕至腹前部打结，下面两个底角分别经大腿内侧向前拉并在腹股沟部分别与原三角巾的底边打结（图3-2-34，图3-2-35）。

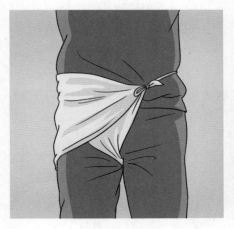

图 3-2-34　单臀三角巾包扎

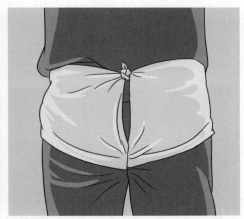

图 3-2-35　双臀三角巾包扎

13）手足部三角巾包扎：主要用于手足外伤，方法：①伤口覆盖敷料，将三角巾折成带状，将带状三角巾的中段紧贴敷料，持带巾的两端在伤口对侧交叉并再绕至手腕或脚踝部，最后在手腕或脚踝绕一周打结并固定；②伤口覆盖敷料，将手掌或脚掌置于三角巾中央，手指或脚趾指向顶角，把顶角折返，将双侧底角分别绕手掌或脚掌交叉压住顶角，在腕部或踝部打结固定，再将顶角折回，用系带固定（图3-2-36）。

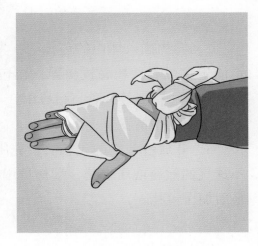

图 3-2-36　手足部三角巾包扎

（3）特殊情况的包扎：

1）腹部内脏脱出包扎法：患者仰卧位，双腿屈曲。先用等渗盐水浸湿的无菌敷料或干净布料覆盖脱出的内脏，再用大小合适的无菌碗罩住或用纱布卷做成略大于脱出物的环围住脱出的内脏，最后再包扎固定。注意：已脱出的内脏严禁回纳腹腔（图 3-2-37）。

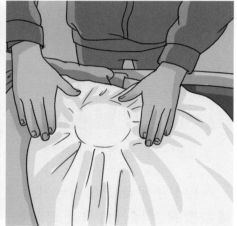

图 3-2-37　腹部内脏脱出包扎法

2）异物插入体内的包扎法：先用大块敷料支撑异物，再用绷带固定住敷料。切忌拔出异物再包扎（因为异物可能刺中重要器官、血管、神经等，若盲目拔出，可能会造成出血不止，甚至会导致更严重的伤情发生）。

3）开放性气胸的包扎法：先用大块无菌敷料或清洁物品制成不透气的敷料或压迫物，嘱伤员用力呼气，在呼气末封盖住伤口，最后加压包扎。

（涂学亮　刘万周　孔瑞峰）

（三）固定

1. 为什么要进行固定

创伤常常伴随有骨折，有的是闭合性骨折，有的是开放性骨折，我们在现场的固定处理不是让骨折复位、骨头长好，而是预防骨折部位移动造成血管、神经等组织的损伤，因而掌握正确的固定术能减轻伤员痛苦、便于搬运、防止严重并发症等。

2. 什么情况下考虑骨折

骨折常常表现为受伤部位的疼痛、肿胀、畸形、功能障碍。

（1）**疼痛：**骨折后多有明显的疼痛，活动时剧烈，有明显的压痛点。

（2）**肿胀：**周围肌肉、肌腱的损伤、内出血以及骨折端的错位、重叠，会使受伤部位呈现肿胀现象。

（3）**畸形：**严重的骨折多会呈现出骨头的短缩、弯曲、转向畸形表现。

（4）**功能障碍：**骨折所致的肿胀、畸形会使原有的功能受到影响，严重的会完全丧失。

3. 事故现场常见的固定的材料有哪些

木制夹板；卷式夹板；颈托；紧要时就地取材的竹棒、木棍、木板、树枝、硬纸板甚至自身躯体、健侧肢体等；固定用的三角巾（布料、绷带等替代物）。另外专业救援人员到达后的负压气垫、充气夹板等。

4. 固定时的注意事项

实施骨折固定前要先评估伤员的全身状况，比如伤员出现了大出血，我们要先止血包扎，然后固定；比如伤员出现了出冷汗、心慌、意识模糊等休克表现，我们要积极地抗休克处理（止血、抗休克、输液等）；比如伤员已经出现呼吸心脏停搏，我们要先进行胸外按压、心肺复苏等处理。在排除了危及生命的情况后，我们再进行骨折的固定，固定时动作轻巧、牢靠、松紧要适度，夹板与皮肤间要垫衬垫，特别是夹板两端的骨突出处以及空隙部位，以防局部压迫引起皮肤组织的缺血坏死。对于刺出伤口的骨折端不能送回伤口，以免造成感染、损伤血管神经等，四肢骨折时要将骨折部位的上、下两个关节都要固定住，要露出指（趾），随时观察血液循环情况，如有发白、发紫、发冷、麻木等情况，要立即松开并再次固定。

各部位骨折的固定方法：

（1）**下颌骨折的固定方法：**下颌骨骨折的固定同头部十字包扎法。

（2）**颈椎骨折的固定方法：**①颈托的用法：伤者可疑颈部损伤的，一定要嘱不要扭头、乱动，一人固定好头部和颈部，使头颈与躯干保持直线位置，选好大小合适的颈托后，衬棉垫后将颈托的后片放到患者的颈后，使颈托居于中央，使患者的下颌安稳地置于颈托前片的凹槽内，颈托前片压住后片以保证有效的固定和舒适性，通过魔术贴从两边调整，在不影响患者正常呼吸的情况下系紧颈托。②衣物、沙袋、硬纸板等替代物：同样嘱不要扭头、乱动，一人固定好头部和颈部，在头枕部垫一薄枕，将卷折的衣物或其他替代物放于患者头部、颈部两侧，下端顶于肩部，最后用一条带子通过伤者额部固定头部，避免其头部前后左右晃动（图3-2-38）。

（3）**锁骨骨折的固定方法：**用敷料或毛巾垫于两腋前上方，将三角巾折成带状（3指宽）或用布条各自环绕两个肩关节，于肩部打结，在后背部拉紧2个环使两肩过度后在后背部打结固定（图3-2-39）。

（4）**肋骨骨折的固定方法：**①三角巾的用法：同胸部三角巾包扎法；②肋骨带的用法：胸部垫棉垫，将肋骨带环绕患者胸部，在患者呼气后利用自带的魔术贴粘紧固定（图3-2-40）。

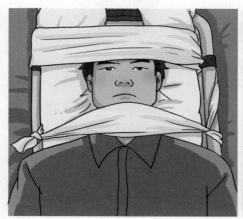
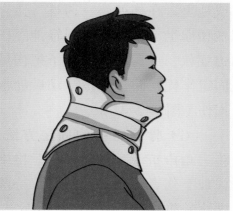

图 3-2-38　颈椎骨折的固定方法

图 3-2-39　锁骨骨折的固定方法

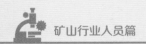

（5）**胸、腰椎骨折的固定方法：**将患者平直仰卧在硬质板上或地上，在伤处垫一薄枕，让脊柱稍向上突，避免或减轻神经压迫症状，最后用几条带子把伤员固定牢固，防止伤员活动后加重损伤（图3-2-41）。

（6）**骨盆骨折的固定方法：**将三角巾折成一条宽带状，将中段放于伤者腰骶部及臀部，持两端绕髋前最后于小腹部打结固定，使双膝微屈，膝下加垫。

图3-2-40 肋骨骨折的固定方法

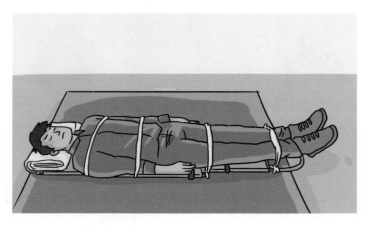

图3-2-41 胸、腰椎骨折的固定方法

（7）肱骨（上臂）骨折的固定方法

1）有夹板：取一块夹板放于肱骨外侧，用绷带或带状三角巾（布条也可）将夹板与伤肢固定，再用一块燕尾式三角巾悬吊前臂，持2个底角向上绕至颈后打结，最后用一条绷带或带状三角巾从伤侧夹板外分别经胸背部在健侧腋下打结。

2）无夹板：直接用一块燕尾式三角巾悬吊前臂，持2个底角向上绕至颈后打结，最后用一条绷带或带状三角巾从伤侧肱骨外侧分别经胸背部在健侧腋下打结（图3-2-42）。

（8）**尺桡骨（前臂）骨折的固定方法：** 取合适的夹板（长度要超过肘、腕关节）置于伤肢（一块夹板时，掌心朝下，置于前臂下侧；2块夹板时，置于前臂上、下两侧；4块夹板时置于前臂四周），用绷带或带状三角巾把伤肢和夹板固定，再用一块燕尾三角巾悬吊伤肢，最后用绷带或一条带状三角巾的两端分别绕胸背部在健腋下打结固定（图3-2-43）。

图 3-2-42　肱骨（上臂）
骨折的固定方法

图 3-2-43　尺桡骨（前臂）
骨折的固定方法

（9）**手指骨骨折的固定方法：** 现场可利用短直的木棍等作小夹板，将手指与夹板平齐，用胶布粘合固定。若没有固定的棒棍，也可以把伤肢用胶布粘合固定在相邻的健指上（图3-2-44）。

（10）**股骨骨折的固定方法**：取一块长夹板（长度：伤员的腋下至足跟）置于伤肢的外侧，另取一块短夹板（长度：会阴至足跟）置于伤肢的内侧，在关节突出部位或空隙处放衬垫，用至少4条绷带或带状三角巾（布条），在腋下、腰部、大腿根部及膝部分别环绕包扎固定伤肢。若无夹板时，可以用绷带或带状三角巾（布条）把伤肢固定在健侧肢体上。

（11）**胫、腓骨骨折的固定方法**：取2块长夹板（长度：大于膝关节至足跟的距离）放在伤肢的内外两侧，在关节突出部位或空隙处放衬垫，用至少4条绷带或带状三角巾（布条）包扎固定。若无夹板时，可以用绷带或带状三角巾（布条）把伤肢固定在健侧肢体上（图3-2-45）。

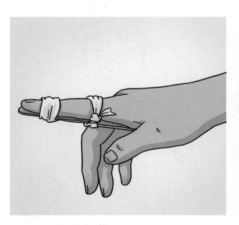
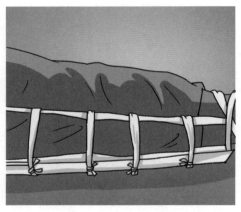

图3-2-44　手指骨骨折的固定方法　　图3-2-45　胫、腓骨骨折的固定方法

（涂学亮　冯少彬　孔瑞峰）

（四）搬运

1. 搬运的目的是什么

当伤病员在现场进行了初步的止血、包扎、固定等急救处理

后，我们需要及时、安全、迅速地将伤员转运至安全地带及送医，防止再次出现事故导致二次损伤，其过程必须经过搬运这一重要环节。不当的搬运会加重病情，致伤致残，严重者死亡，而规范、科学、正确的搬运术对伤病员的抢救、治疗以及预后都有着积极的作用。

2. 搬运的工具有哪些

（1）徒手搬运。

（2）事故现场专业搬运工具常常较少，特别是井下环境，有时需要我们灵活运用现有物品，组装临时工具，如床单、被褥、竹木椅、木板、衣服等。

（3）救援力量到达后的专用工具，如帆布担架、板式担架、铲式担架、四轮担架、脊柱板、急救搬运毯、负压真空担架、救护车担架、医院担架床、救护车、直升机等。

3. 搬运的注意事项有哪些

（1）搬运前评估伤情，妥善止血、包扎和固定。

（2）根据情况采用正确的搬运方法。如无绝对把握，严禁随意翻转、扭曲、搬运脊柱损伤患者。

（3）搬运过程中要轻柔、缓慢，避免震动。

（4）担架搬运时一般伤员足在前、头在后，以便观察意识、面色、呼吸等病情变化。

（5）尽量减少严重创伤患者不必要的搬动。

4. 搬运的方法

（1）担架搬运法

最常用，适用于病情较重、搬运路途较长的伤员。搬运前一定妥善固定患者，二人或四人一组，水平托起，平放担架上，按"一站、二跪、三起、四迈、五走"步骤搬运。

"一站"：要求搬运人员同时站在担架的两头或四个角处，方向要求伤员的头在后、足在前（上楼梯时相反）；

"二跪"：要求搬运人员同时单膝（近担架腿）跪下，腰部挺直，手拿担架；

"三起"：要求头侧的人员先略抬起一点，再发口令同时抬起担架；

"四迈"：要求搬运人员同时先迈近担架的腿或右腿；

"五走"：要求搬运人员同时迈远离担架的腿或左腿。

（2）徒手搬运法

1）单人搬运法：适用于病情轻的患者。

扶持法：搬运者站在伤员一侧，使伤员靠近并揽住搬运者头颈，搬运者用外侧手紧握伤员手或手腕，另一手扶持伤员腰背部，两人内侧腿同时行进（图3-2-46）。

手抱法：搬运者贴近伤员身旁蹲下，一手臂从伤员腋下绕过其肩背，环抱身体，另一手臂紧抱伤员双腿，将伤员抱起（图3-2-47）。

背负法：搬运者站在伤员前面，微弯背部，将伤员背起。若

图 3-2-46　扶持法

图 3-2-47　手抱法

伤员卧于地上，搬运者可躺在伤员一侧，一手抓紧伤员双臂，另一手抱其腿，用力翻身，使其负于搬运者的背上，然后慢慢站起（图 3-2-48）。

肩负法：将患者腹部搭在搬运者肩上，一手环绕大腿，另一手紧拉患者手部（图 3-2-49）。

图 3-2-48　背负法

图 3-2-49　肩负法

爬行法：伤员仰卧位，将伤员两手捆绑在一起，搬运人员面向伤员，跨过其身体，屈双膝跪下，身体前弯将伤员两手置于颈背部，提起伤员头肩臂少许，爬行前进（图 3-2-50）。

2）双人搬运法

轮椅式搬运法：伤员站中间，两个救护人员站两侧，同

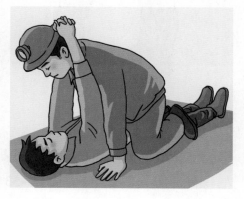

图 3-2-50　爬行法

时面向伤员，两人弯腰，分别用一只手伸入伤员的大腿下方并相互十字交叉紧握抬起患者，另一手则在伤员背后相互十字交叉紧握以支撑伤员背部，伤员的双臂也必须搭在两个救护人员的肩上；或者救护人员右手紧握自己的左手手腕，左手紧握另一救护人员的右手手腕，以形成口字形来加强抬伤员的力量。使用此法搬运时两人必须双手紧握、步调一致（图 3-2-51）。

拉车式搬运法：一名搬运者站在伤员的头部，以两手插置其腋前，将伤员抱在怀里，另一人抬起伤员的腿部，跨在伤员两腿之间，两人同方向步调一致抬起前行（图 3-2-52）。

图 3-2-51　轮椅式搬运法

图 3-2-52　拉车式搬运法

平抬或平抱搬运法：两人并排将伤员平抱，或者一前一后、一左一右将伤员平抬起（图 3-2-53）。

3）三人及以上搬运法：三人同站在伤员一侧，分别站在肩、

图 3-2-53 平抬或平抱搬运法

腰、膝旁，一人托头、肩部，一人托腰、臀部，一人托双下肢，同时用力将伤员抱起，齐步一致向前。人多时可在对侧辅助搬运及固定（图3-2-54）。

（3）**床单、被褥搬运法：**将伤员轻轻地搬到一条牢固的床单（被褥、毛毯）上，将一半床单盖在伤员身上，暴露伤员头部，搬运者需面对面紧抓床单的两角，脚前头后缓慢地移动。该方法禁用于胸部创伤、四肢骨折、脊柱损伤以及呼吸困难等伤病员，因为该方法常常致患者躯干下沉、肢体不能维持安全的固定状态。

（4）**特殊患者的搬运**

颈椎损伤患者的搬运：搬运工具最好选脊柱板、硬板担架或木板，禁用软担架或毯子等软物。方法：原则上应有四人同时进行用力均匀，动作一致，如有颈托，应用颈托固定其颈部；一人在伤者的头部，双肘夹于头部两侧，双手放于伤者肩下，固定头颈部；另

图 3-2-54　三人及以上搬运法

三人在伤者一侧，单膝跪地，分别在伤者的肩背部、腰臀部、膝踝部，双手掌从伤者背下平伸到伤者肢体背侧；固定头部的人发出统一数数的口令，四人同时用力，保持伤者脊柱为一轴线，平稳地抬起伤者，放于硬质担架上；使用头部固定器、砂带或者折好的衣物放置在颈部的两侧加以固定，用绑带固定伤者额部、上臂及胸部、骨盆、膝部、踝部；平稳抬起硬质担架，对伤者进行转运。搬运时注意用力一致，以防止因头部扭动和前屈而加重伤情（图 3-2-55）。

胸、腰椎骨折患者的搬运：搬运时三人同站在伤员一侧，分别站在肩、腰、膝旁，一人托头、肩部，一人托腰、臀部，一人托双下肢，同时用力将伤员抱起，安放于硬板担架上并给以固定，固定方法同胸、腰椎骨折的固定（图 3-2-56）。

骨盆骨折患者的搬运：将患者固定后，多人齐力将患者安放于硬质担架上，使双膝微屈，膝下加垫，用绷带将患者固定于担架上转运。

昏迷患者的搬运：昏迷患者咽喉部肌肉松弛，仰卧位易引起呼吸道阻塞，此类患者宜采用平卧头转向一侧或侧卧位搬运。

图 3-2-55　颈椎损伤患者的搬运

图 3-2-56　胸、腰椎骨折患者的搬运

（涂学亮　冯少彬　孔瑞峰）

第四章

矿山行业常见突发事故与意外伤害自救互救

矿山生产是一个危险性很强的行业，各类危险因素和事故直接威胁着矿工的生命安全。在事故发生后挽救生命是第一要务。矿山救护队和矿山医疗队伍是挽救生命安全的重要力量，但现场第一时间的自救互救能够有效地减少伤亡。目前矿山一线的员工普遍缺乏系统性自救互救的知识，在事故来临时不能采取有效的应急措施，现场处置也不科学，错失了良好的机会，以往的教训历历在目。因此，对矿山行业一线人员普及系统性的自救互救知识是非常必要的。

第一节　瓦斯爆炸事故自救与互救

矿山行业一旦发生突发事故，在事故初期采取及时的措施，开展有效地"自救互救"，可以进一步减小事故危害程度及人员的伤亡（图 4-1-1）。

井下发生瓦斯爆炸除会对人员造成直接创伤外，还会对人体产生直接的爆炸伤以及爆炸后的烧伤，同时爆炸后会产生大量有毒气体引起吸入性损伤。规范的自救互救可最大限度减少伤亡，

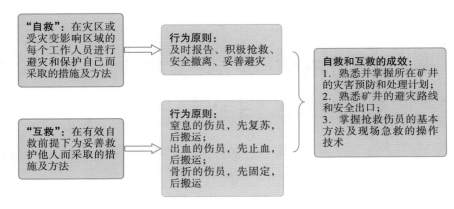

图 4-1-1　自救互救的定义、行为原则及成效

降低损失。在发生瓦斯爆炸前会有一定的预兆，时间很短，就会发生，如果你身处此环境，应及时采取措施有效减少自身伤害（图 4-1-2）。

图 4-1-2　发生瓦斯爆炸要冷静

一、发现瓦斯爆炸预兆时的自救互救方法

一旦遇到或发现有瓦斯爆炸征兆时，井下人员不要惊慌失措，而应沉着冷静，辨别灾情状况，立即采取有效措施进行自救。

具体自救方法

1. 当听到爆炸声或感到冲击波造成的空气震动气浪时，要立即背向空气颤动的方向，俯卧倒地，面部朝下，把头放低些，双手置于身体下面，闭上眼睛，以降低身体高度，如边上有水坑，可侧卧于水中，用毛巾捂住口鼻，屏气暂停呼吸，防止把火焰吸入肺部，尽量避开冲击波的强烈冲击。

2. 听到爆炸声时，应赶快张大口，避免爆炸所产生的强大冲击波击穿耳膜，引起永久性耳聋。

3. 最好用衣服覆盖住身体，尽量减少肉体暴露面积，以减少烧伤。

二、爆炸发生后自救互救方法

（一）掘进工作面发生瓦斯爆炸后的自救与互救方法

1. 若发生小型瓦斯爆炸，巷道和支架尚未遭到严重破坏，未受到爆炸直接伤害或受伤不重的矿工，要最快速度佩戴好随身携带的自救器，迅速撤离受灾巷道，到达有新鲜风流的区域。发现火源要第一时间扑灭，因为这是发生二次爆炸或引起失控火灾的直接因素。

2. 发现附近的受伤矿工，要协助伤员佩戴好自救器，帮助其撤出危险区。要设法把不能行走的伤员抬运到新鲜风流中，并根据伤情进行救治。

3．如果爆炸发生后你还是清醒的，说明你所处的位置是相对安全的，为此你在撤出掘进工作面时，要判断新鲜风流的地点和方向。严禁强行闯进烟雾中逃生。

4．若发生了大型瓦斯爆炸，致使掘进巷道遭到严重破坏，退路被阻断，幸存人员应佩戴好自救器，千方百计疏通巷道，想办法尽快撤到新鲜风流中。

5．巷道难以疏通时，利用一切可能的条件建立临时避难硐室，应坐在支护良好的棚子下面，保持稳定情绪、相互安慰、等待救助，敲打管路，有规律地发出呼救信号。

6．要为受伤严重的矿工佩戴好自救器，使其安静平卧等待救援。同时在避难地点要利用压风管道、风筒等改善生存条件，为获救争取时间。

7．如有人大出血，要利用现场可用的材料紧急为其止血。

（二）瓦斯爆炸发生在采煤工作面或其他全风压巷道发生后的自救与互救

1．如果进回风巷道没有发生垮落而被堵死，通风系统破坏不大，这种情况下所产生的有害气体，较易被排除，采煤工作面进风侧的人员一般不会受到严重伤害，矿工可以迎风撤出灾区。

2．一般情况在进风侧的人员应该逆风撤出，在回风侧的人员要迅速佩戴好自救器，想方设法经过最短的路线，撤退到新鲜风流中。

3．如若瓦斯爆炸造成了严重的塌落冒顶，使通风系统遭到破坏，大量的一氧化碳和其他有害气体都会聚积到爆源的进、回风侧，该范围所有人员都有可能发生一氧化碳中毒的情况。因此，在瓦斯爆炸后，即使没有受到严重伤害的人员，也要立即把自救器佩戴好。

4. 如果瓦斯爆炸导致冒顶严重，遇险矿工虽受伤不重但撤不出来，矿工首先要把自救器佩戴好，并协助重伤员撤离到较安全地点待救；若附近有独头巷道时，也可进入暂避，临时避难场所尽可能用木料、风筒等设立，并把明显的标识物如矿灯、衣物等挂在避难场所外醒目的地方，然后进入室内静卧，等待救援。

5. 若矿工在撤退途中遇到退路被堵或者自救器有效时间不足，可暂避到矿井专门设置的井下避难所或压风自救装置处，也可寻找到有压缩空气管路的巷道、硐室进行躲避。同时要把管子的螺丝接头卸开形成正压通风，尽可能地延长避难时间，并且设法与外界保持联系。

（三）注意事项

1. 如果你佩戴的是过滤式自救器，你千万不能穿越有烟雾的巷道或回风巷道。因为在发生瓦斯爆炸后会产生大量的一氧化碳，且氧气含量非常低，过滤式自救器是不管用的。要待全风压巷道的风流正常后再撤出，或等待专业救援队救援。

2. 瓦斯爆炸发生后，严禁非专业救援队进入灾区或进入井下救援。

3. 瓦斯爆炸发生后，应由在场负责人或有经验的老工人带领矿工撤离，根据当时的实际情况和矿井灾害预防及处理计划中规定的撤退路线，尽量选择距离最短、安全条件最好的路线。撤退时，矿工要服从领导，听从指挥，如遇有溜煤眼、积水区、垮落区等危险地段，要探明现场情况，谨慎通过。

4. 瓦斯爆炸有时会连续发生，如果遇到这种情况，要先就近躲避到硐室中等待救援。

三、瓦斯爆炸事故自救互救案例分析

2005年5月，某煤矿发生了瓦斯爆炸，事故发生后，有100多人被困井下，只有14人脱险升井。那么这14人是如何脱险的呢？通过后来现场调查发现，这14人是从1192上风道掘进工作面逃出来的。瓦斯爆炸发生在1193回采工作面，爆炸波及到整个矿井，但1192上风道掘进工作面内安然无恙，这时在掘进工作面内的14名工人，在班长的带领下迅速佩戴好自救器，迅速来到了巷道口，发现外面的巷道摧毁严重，到处是烟雾和飞扬的煤尘，而后班长带领14名工人退回了巷道里20m的地方等待救援，时间过了约20分钟，外边的烟雾和煤尘渐渐消失，这时班长带领工人沿着进风轨道巷向井口逃生，最后脱险。

成功脱险原因分析：

1. 自救互救措施正确　事故发生后现场班长没有惊慌，而是有序组织人员自救和撤离（图4-1-3）。

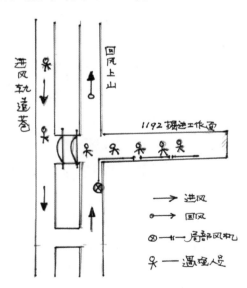

图4-1-3　事故发生后有序组织人员自救和撤离

2. 准确判断安全撤离 事故发生后没有立即冲出工作面，首先判断受爆炸波及区内的危险情况，待情况好转，安全撤离。爆炸发生后受爆炸波及区内的风流或空气中含有大量的一氧化碳剧毒气体，且氧气含量极低，当时他们佩戴的是过滤式自救器，过滤一氧化碳气体的功能是有限的，且又不能提供氧气，如果他们当时立即从工作面撤到全风压巷道中时，后果不堪设想。

3. 逃生方向判断准确 发生瓦斯爆炸后，矿井的通风系统被严重破坏，造成了风流短路，工作面周围巷道的风流是很微弱的，为此巷道中的一氧化碳气体在短时间内很难全部自行排除，特别是回风巷道内的一氧化碳气体浓度是很大的，有时会达到 1 000PPM。可见当时班长带领 14 名工人沿着进风轨道巷向井口逃生是非常正确的。

（李晓岚 高景利）

第二节 煤尘爆炸事故自救与互救

煤矿开采被认为是世界上最危险的工作之一。我国煤矿事故的死亡人数超过了所有其他事故的总和。煤尘爆炸事故多发生在炮采工作面或煤尘浓度严重超标的其他工作面，以及瓦斯爆炸引起煤尘爆炸。煤尘爆炸的威力较瓦斯爆炸更大，会产生冲击波、高温火焰和大量一氧化碳气体，据统计煤尘爆炸造成的人员伤亡 80% 是一氧化碳气体中毒。所以自救互救的重点是防止遇险人员二次受到一氧化碳气体的伤害。

一、发现有煤尘爆炸条件时的自救互救

1. 当你处在煤尘严重超标的环境中时，不管哪个生产环节产生火花都会有发生煤尘爆炸的可能，此时你有权力拒绝工作，立即由进风侧撤离现场。如果是炮采工作面要严禁放炮。

2. 现场人员要立即切断与通风机无关的一切工作面内的设备电源。

3. 采用洒水、铺设岩粉等方法进行灭尘。

4. 其他地点的人员如发现爆炸预兆（与瓦斯爆炸预兆相同）要立即背朝爆炸冲击波传来的方向俯倒，面部朝下，头尽量放低，闭上眼睛，以降低身体高度，如边上有水坑，可侧卧于水中，避开冲击波的强烈冲击，并屏气暂停呼吸，迅速用湿毛巾将嘴、鼻捂住，用最快速度戴上自救器，拉严身上衣物盖住身上露出部分，防止爆炸的高温灼伤。

二、爆炸发生后自救互救方法

1. 煤尘爆炸发生后，通常会发生连续爆炸，如果你还是安全的，就要立即佩戴好自救器躲避到附近的独头巷道或躲避硐中，不要立即离开原地，最好等待救援。

2. 在集体撤离的过程中，不要奔跑，防止自救器口具脱落，特别要防止扬起煤尘。

3. 在撤离的过程中遇到受伤的人员，要立即为其佩戴好自救器，并将其转移到新鲜风流中的安全地点。如果受伤较轻能够行走协助其一起撤离。

4. 在撤离的过程中遇到火源，如果火势不大要立即利用现场的材料灭火，如不能立即扑灭要迅速撤离。

5. 在撤离的过程中遇有高温浓烟或大量的飞扬煤尘，要立即

选择其他路线撤离或迅速躲避到安全地点待救。

三、案例分析

2005 年 12 月，山区某煤矿发生了煤尘爆炸事故，事故发生后矿井通风系统严重被破坏，回风井冒着烟雾，井下 50 余人全部被困，可后来统计该矿共遇难 55 人。怎么多出来 5 人？

该矿是个体经营的煤矿，管理非常的混乱，招收来的工人四面八方，有的是成家族的来矿打工。安全管理一塌糊涂，井下煤尘堆积，工人井下吸烟很平常。事故发生后，救护队还没有到来，井上人员急于救自己的亲人，带上过滤式自救器就下井救人，可惜下井后就一直未上来。救护队到达后发现他们已全部遇难。

互救案例失败原因分析

1. 互救失去了原则，要想救人必须先保证自己的生命安全，救助亲人的急切心情可以理解，但不能盲目救援，不掌握自救互救的知识，只会越帮越忙，造成事故扩大。

2. 事故发生，矿井通风系统严重被破坏，大量的有毒有害气体聚集井下巷道，且严重缺氧。非专业救援队严禁下井救援。

3. 他们之所以全部遇难，是因为过滤式自救器过滤一氧化碳气体是有限的，且不能提供氧气。所以在瓦斯爆炸的环境中过滤式自救器不能维持你的生命。

（徐杰　高景利）

第三节 矿井火灾事故自救与互救

矿井火灾发生后，会产生大量的有毒有害气体，矿井火灾事故自救与互救的重点是防止一氧化碳中毒。当你发现井下现场着火时，第一反应不是逃生，而是在条件具备的情况下积极灭火，即在火势不大，对你的安全没有直接生命威胁的情况下要勇敢地将火扑灭。把火源消灭在初期阶段是最好的自救互救方法。

一、初期火源的扑救

根据火灾类型应用现场一切可以利用的条件积极灭火。

1. 电气和油类所引发火灾　遇有电气设备着火时，应立即将有关设备电源切断，使用干式灭火器、四氯化碳灭火器、沙子等灭火，严禁使用水灭火。以上操作要在上风侧进行。

2. 其他火灾　包括运输皮带、木料、煤炭等着火，用附近可用的一切材料灭火。用水灭火效果是最好的。以上操作除在上风侧进行外，还要防止用水灭火时水蒸气对你的伤害。

3. 当以上灭火无效时或对你有生命威胁时要迅速逆风流撤离，并迅速向调度室或有关部门汇报。

二、火灾事故的自救互救

当初期火灾灭火无效时，首先迅速了解或判明火灾的地点与自己所处巷道位置之间的关系，佩戴好自救器，按照避灾路线迅速撤离现场到新鲜风流中的安全地点或井上。撤退时，应在现场负责人及有经验的老工人带领下有组织地撤退，任何人无论在任何情况下都不能惊慌失措、不要狂奔乱跑。

（一）回采工作面或全风压巷道火灾的自救互救方法

1. 处在火源上风侧的人员，应逆着风流撤退。

2. 处在火源下风侧的人员，如果距火源较近而且越过火源没有危险时，也可迅速穿过火区撤到火源的上风侧。如顺风撤退，应迅速戴好自救器，尽快通过捷径绕到新鲜风流中撤退。

3. 如果火灾后受困矿工在自救器有效作用时间内不能及时撤离，应迅速找到硐室换用新的自救器后再行撤退，或是在附近寻找有压风管路系统的地点，以压缩空气供呼吸之用。无自救器时，应将毛巾润湿后堵住嘴鼻并寻找供风地点，然后打开巷道中压风管路阀门，或者是对着有风的风筒呼吸。

4. 一般情况下不要逆烟撤退，除非只有逆烟撤退才有生存的希望时。在烟雾大，视线不清的情况下，矿工应摸着巷道壁前进，以免错过通往新鲜风流的联通出口。注意观察巷道和风流的变化情况，避免错过一切可能脱离危险区的机会，还要时刻谨防火风压可能造成的风流逆转。撤退行动既要迅速果断，又要快而不乱。矿工之间要互相照应、帮助，相互鼓励，以增强逃生信心。

5. 如果无论选择逆风还是顺风撤退，都无法躲避着火巷道或火灾烟气对人体造成的危害时，则应迅速进入避难硐室避灾；若附近没有避难硐室，应在烟气袭来之前，利用现场条件选择合适的地点就地快速构筑临时避难硐室进行自救。

6. 对人的危害最严重的是巷道上部烟雾，当烟雾在巷道里流动时，上部烟雾的浓度大、温度高、能见度低，而靠近巷道底部还有比较新鲜的低温空气流动。因此，在有烟雾的巷道里撤退时，即使在烟雾不严重的情况下，也不应直立奔跑，而应尽量俯身贴着巷道底板和巷壁，摸着铁管或管道等爬行撤退。

7. 无论在多么危险的情况下，火灾受困人员都不能惊慌失措，狂乱奔跑，应利用巷道内的水浸湿毛巾、衣物或向身上淋水等办法降温，或是利用随身物件等遮挡头部、面部，以防高温烟气的刺激。

（二）掘进工作面火灾的自救互救方法

1. 掘进工作面迎头发生火灾时，要判断火灾的性质，如果是电气火灾要立即切断电源，而后用现场附近的干粉灭火器、沙子或衣物抽打灭火，如无效要立即佩戴好自救器撤离现场；如果是瓦斯燃烧，要先用干粉灭火器喷射，然后用水喷洒，才能有效灭火，如果现场不具备条件，要立即佩戴好自救器撤离现场。此时千万不能改变掘进工作面的通风状态，包括停止风机运转、沿接风筒或掐断风筒，否则会引起瓦斯爆炸。

2. 掘进工作面中断或外口发生火灾时，往往是工作面人员被困在了火源以里，此时工作面人员要立即佩戴好自救器全力灭火外逃，或将衣物用水浸湿，用湿毛巾敷在脸部全力冲过火源。如果火势较大、温度较高难以靠近时，要撤离到工作面位置风筒口处待救，因为那里的温度和空气都能维持被困人员生存。

3. 掘进工作面发生火灾，火源外侧的人员发现有人被困在火源以里时，千万不能随意放弃，要全力以赴灭火，同时要立即汇报调度室命令救护队立即奔赴现场救援。此时千万不能因为烟雾较大而停止工作面供风，否则会造成火源以里的人员缺氧死亡，同时也会引起瓦斯爆炸。

（三）进风井筒或进风大巷火灾的自救互救方法

1. 进风井筒一般是电气火灾，进风大巷火灾一般是电气火灾或皮带摩擦着火，以上火灾火势发展迅猛，现场人员若直接灭火无效要立即向其他进风井筒或进风巷道撤离，并立即汇报调度室。

2. 调度人员要立即撤出火灾气体或烟雾可能威胁到的火源以里的所有人员。

3. 受火源气体威胁区域的人员，当闻到有火灾气味或发现有烟雾袭来时，现场班组长要立即组织现场员工，佩戴好自救器，在进行初步判断或得知火源位置时，要立即带领员工沿着避灾路线撤离，如撤离受阻时，要立即进入附近的避难硐室内待救。

4. 井下现场其他人员，包括通风、运输、机电维修和巷道维修人员，即使得不到调度室撤离现场通知，当发现有火灾气味时，也要根据所掌握的避灾路线立即撤离，如撤离受阻时，要立即进入附近的避难硐室内待救。

5. 任何人员在没有调度室通知的情况下，不要随意打开风门和改变其他通风设施的运行状态。

三、火灾事故自救与互救案例分析

2019 年 7 月，某煤矿井下掘井工作面外口发生火灾，据分析是因电缆放炮引起火灾，由于火势发展迅速，工作面内 10 名工人全部被困。由于现场温度较高，10 名工人被迫撤到工作面迎头。外面的人员发现有人被困后，全力灭火，一时难以扑灭，里面的 10 人生命受到严重威胁。救援人员为降低被困人员环境的温度，通过局部通风机向里面供给用冰块降温的凉风。里面的被困人员带好自救器通过通风的风筒向外爬，最后成功通过了火区，安全脱险（图 4-3-1）。

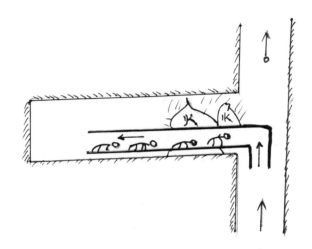

图 4-3-1 火灾被困人员通过风筒脱险

成功脱险原因分析：

1. 被困人员有组织地开展自救，没有盲目地冲向火源向外逃生，而是积聚在有新鲜空气的通风口，确保不受有毒害气体对生命的威胁。

2. 火源外侧边的人员积极开展互救，采取各种措施灭火和供风。

3. 被困人员利用现场的有利条件，组织有序地通过风筒向外爬，成功穿过火区脱险。

（王国胜 高景利）

第四节 矿井水灾事故自救与互救

矿井水灾事故的种类很多，每一种水灾事故都对井下人员构成威胁，矿山井下透水事故多发生在巷道掘进、工作面回采、巷道维护等工作场所。地面洪水涌入井下也会造成矿井水灾事故，有效开展自救与互救能最大限度地挽回生命。

一、发现矿井透水征兆时的自救与互救

（一）矿井透水事故前预兆

当矿井发生透水事故前，都会有一定的预兆，提前感知和发现这些征兆，并积极采取措施处理，就能够大大提高应对和响应时间，减少事故造成的人员伤亡。

（二）透水预兆时自救互救方法

1. 发现透水预兆时，要立即汇报现场班组长，在现场班组长的组织下迅速撤离。

2. 立即汇报矿调度室，撤出可能透水点标高以下或其他区域内受威胁的人员。

3. 在撤离的过程，如透水已经发生而且水量较大，要先就近向上水平逃离，如果没有向上的通道，要躲避到有上山的独头巷道内待救。

二、透水事故发生后自救互救方法

（一）正常撤离时的自救互救

1. 在撤离的过程中，矿工应尽量靠近巷道一侧，用手抓牢支架或其他固定物，尽量避开压力水头和泄水流，时时注意观察周围情况，防止被水中滚动的木料或矸石撞伤。

2. 如果透水事故破坏了巷道中的照明和路标，人员迷失行进方向时，在判断矿井采用抽出式通风后，可以顺着风流方向撤离。

3．在撤退过程中，通过巷道交叉口及沿途，要留下明显标志，指示撤退的行进方向，进一步引起救护人员的注意，方便沿标识寻找及救助。

4．当人员撤退到竖井时，往往需从梯子间上去，在行动中手要抓牢，脚要蹬稳，密切注意自己和周围人员的安全。此时要遵守秩序，避免慌乱和争抢，以防发生意外。

5．如果撤退时遇到唯一的出口被水封堵无法撤离时，一定不能采用盲目潜水逃生等冒险行为，而应有组织地在独头上山工作面进行躲避，耐心等待救护人员前来营救。

（二）被困时的自救措施

1．若井下人员被涌水围困无法退出时，应迅速有组织地进入预先筑好的避难硐室中避难，也可以选择合适地点，快速构筑起临时避难硐室进行避灾。迫不得已时被困人员也可到巷道中的高冒空间等待救援。如果为老窑透水，还要防止被涌出的有毒有害气体伤害，此时需要在避难硐室外面，搭建起临时挡墙或吊挂风帘。进入避难硐室前，应在硐室外留设明显标志。

2．在避灾期间，遇险矿工要调整好自己的精神和心理状态，以稳定的情绪、自信乐观的心态和坚强的意志面对突发情况。若短时间不能脱险，要做好长时间避灾的心理准备，轮流担任岗哨，密切观察水情，其余人员尽量静卧休息，减少不必要的体力和氧气消耗。

3．避灾人员要有规律、间断地敲击，不断发出呼救信号，向营救人员指示躲避处的位置。

4．避灾时，即使没有食物充饥，也要尽量克制不吃杂物，以防引起中毒或意外。

5. 如果身边没有干净的水源，需要饮用井下水时，最好用衣物或纱布过滤后饮用。

6. 被困在井下时间较长，一旦发现救援人员后，切忌过度亢奋或慌乱，以防发生其他意外。

（三）注意事项

1. 透水被围困时，切记注意顶底板的情况，防止地面塌陷和冒顶等次生事故的发生。

2. 被围困时，检测现场的气体（氧气及有毒有害气体情况）、风流情况，判断现场是否安全，进而寻找出口。

3. 当救援人员排水时，切不可因水位下降而冒险涉水逃跑，防止逃跑路上遇小井、塌陷区位置时造成自身伤亡。

4. 救援人员千万不能盲目向被困人员空间打钻救援。当被困人员处于水平面以下位置时，由于存在水位差，生存空间产生一定压力，如果向此处打钻与外界空气联通，生存空间水位会立即上升，淹没被困人员。

5. 在井下有限的空间内，被困人员被困时间越长，可供吸入的氧气就会越少，同时不断有瓦斯涌入，对于被困人员来说无疑是雪上加霜，所以救援人员要通过初步评估被困人员最长存活时间，再尽快确定救援的方案。

三、矿井水灾事故自救互救案例分析

2010 年 3 月 28 日 14：30 左右，中煤集团一建公司 63 处碟子沟项目部施工的华晋公司王家岭矿发生透水事故，事故造成 153 人被困。经 8 天 8 夜全力抢险，115 人获救。

事故发生后，透水点以下的人员迅速向上一个水平撤离，由于没有直接通往地面的通道，只能撤离到唯一的躲避空间。被困人员是如何自救互救的？听听他们自己的诉说吧。

"水涌出来以后，涨得很快，越来越高，我就用皮带勒住自己的腰，拴在巷道壁的钩子上，挂了有3天3夜，我的腿泡在水里3天3夜，后来水位下降后我才下来。有的人还用铁丝缠住手指挂在巷道壁上，手指都勒出血了。"

"我在山西好几年了。以前也在一些煤矿干过。出事那天，是我来到这个工地上班后第一天下井作业。水位越来越高，我前面的巷道顶部全被淹了。我用皮带捆住腰，吊在巷道里的锚杆上，一直吊着。我的下半身泡在水里，泡了3天3夜。过了好长一段时间，水位下降了许多，我就赶紧下水游，游到了位置高的地方。"

"后来，水淹的速度越来越快，简直是跟着屁股跑，现在想起来，感觉1分钟就要淹1m多的距离。水来了以后，巷道里的电都断了。我们就轮流用矿灯看水位有没有下降。"

"水位一阵高、一阵低。我们就开始用井下的风桶做筏子，先用风桶布把风桶两边扎起来，然后把网片和风桶绑在一起就能漂浮在水上，做成筏子，做了七八个这样的筏子。一个筏子能坐两个人。"

"当水位低的时候，我们坐着筏子用铁锹划着向外走，最远的时候向前划了有50m多，可是走着走着，前面巷道里的水都漫到了顶，只好退回来，试了许多次。"

"我们在井下还用风力泵排水。反正有什么办法，我们都想尽了。"

"由于我们4队所在的这个工作面地势高，我没有被水泡。过了一段时间，越来越多的人游到我们这片地方。后来，在附近巷道的工人以为我们这边的地势高，就用炸药炸了一个口子，打通了巷道，通到我们这边来。我们这边的人越来越多，最后有八九十个人聚到了一块。"

"我们4队有个老工人，姓高。他年龄大、有经验。老高想了个办法，在地势高的地方搭架子。我们合伙用井下的井架和网片搭了个架子，有五六十厘米高，能坐二三十个人。盼着救援快点来。"

"有人戴着表，可是也不知道是黑夜还是白天。我们集中在一块儿，每隔一两小时就看一次水位，为了省电，大家的矿灯轮流使用。我们轮流值班，有一个人看水位，其他人睡觉。"

（赵华灵　高景利）

第五节　顶板事故的自救与互救

冒顶事故分为局部冒顶和大冒顶，通常在发生前会出现不同形式的征兆，当人们发现冒顶预兆的表象后，应立即撤离现场，无法撤离时应沉着冷静，寻找安全地点避险待救，并积极开展自救互救。

一、冒顶事故时的自救与互救

（一）采煤工作面冒顶时的自救互救

1. 在工作地点无论是发现了冒顶的征兆，还是采煤工作面顶板发生了冒落，最好的避灾措施都是迅速离开危险区，撤退到安全地点。

2. 当采煤工作面发生冒顶，遇险者来不及撤退到安全地点时，应选择靠煤帮贴身站立或卧倒。一般情况下冒顶不可能压垮或推倒质量合格的木垛，因此，如遇险者所在位置靠近木垛时，可撤至木垛处避灾。

3. 冒落基本稳定后，遇险者应立即采用呼叫、敲打等方法，发出有规律、不间断的呼救信号，方便救护及撤出人员更好地寻找事故确切地点，组织相关力量进行抢救。

4. 在冒顶发生后，被埋压的人员，首先不能惊慌失措，切忌采用剧烈挣扎的办法挣脱煤矸、物料等的压迫，以免造成事故进一步扩大，遇险人员要积极配合外部的营救工作。被冒顶隔堵的人员，要有组织地维护好自身安全，想办法构筑脱险通道，配合外部的营救工作。当有人员受伤时，要利用现场的一切条件进行互救，包括用线缆、铁丝、衣物、麻绳等为伤员进行止血或包扎。

（二）独头巷道冒顶被堵人员自救互救

1. 遇险人员一定要正确面对已经发生的冒顶事故，切忌惊慌失措，丧失信心，坚信外部救援定会积极施救。听从现场班组长和有经验老工人的指挥，迅速组织起来，团结协作，有计划地使用饮水、食物和矿灯等，尽量静卧休息，减少体力和氧气消耗，并要做好长时间避灾的准备。

2. 如果被困地点有电话，遇险人员应立即向调度室汇报灾情、遇险人数和准备采取的避灾自救措施等。若不能用电话联系外界，可采用敲击钢轨、管道和岩石等方法，每隔一定时间敲击一次，有规律地发出呼救信号，不间断地发出"求救"信号，使营救人员尽快了解灾情，组织抢救。

3. 为提高被困人员解救成功率要采用以下联络信号：

一声——停止（当被困人员补给够用时，可敲击"一声"表示停止。）

二声——收到（听清对方音响意图后回复"二声""收到"。）

三声——询问被困人员数量（救援人员发出"三声"音响信号，被困人员根据被困人员数量，回复相应敲击数量。救援人员回复"二声"收到。）

四声——供风（被困人员发出"四声"音响信号，救援人员回复"二声"收到。并利用钻杆、管路等向被困区域供风提供氧气。）

五声——食物补给（被困人员发出"五声"音响信号，救援人员回复"二声"收到。并利用钻杆、管路等向被困区域提供水、流体食物等营养补给。）

六声——寻求联络或者求救（遇险人员利用现场管路、铁轨、钻杆等发出求救信号。救援人员也应不间断地发出寻求联络信号。"寻求联络或者求救"时连续敲击"六声"。每组"寻求联络或者求救"信号间隔 10 分钟，但要尽量保持连续不断发出"求救"信号。）

（三）注意事项

1. 当发现冒顶事故时，顶板压力会快速释放，导致顶板破碎，甚至部分区域造成空顶现象，人员被堵后切不可随意穿过这些区域，避免造成二次伤害。

2. 顶被堵时，检测现场的气体（氧气及有毒有害气体情况）、风流情况，判断现场是否安全，进而寻找出口。

二、顶板事故自救与互救案例分析

2015 年 12 月 25 日 7∶56，平邑县保太镇境内万庄石膏矿区发生采空区坍塌，该区域内玉荣商贸有限公司玉荣石膏矿井下作业的 29 名矿工被困。截至 2016 年 2 月 6 日，经全力救援，有 15 人获救升井。事故系因邻近废弃的万枣石膏矿采空区坍塌引发矿震，进而发生骨牌式连续坍塌，29 名作业人员全部被困井下。事故致使平邑县发生 4.0 级地震，保太镇万庄村附近农田出现多条裂痕，路面墙体大面积坍塌断裂，部分路段悬空。

事故发生后，其中 17 名被困人员最有可能存活的地点是 4 号井附近巷道，2015 年 12 月 30 日 5：00 左右，山东省煤田地质局第二勘探队在 4 号井东侧成功打通地面与井下巷道联通的 2# 探测钻孔，10：55，通过生命信息探测仪在 2# 孔发现了 4 名存活的遇险人员，救援人员与井下被困人员通话：我们正在全力抢救你们，希望你们在下面坚持，我们一定要把你们救上来，你们要坚定信念，我们也绝不放弃。但摆在指挥部和救援指战员面前的情况是 4 号井筒完全垮塌，被困人员的生存空间只有 50m 的巷道，水位不断上升，不停地挤压被困人员的生存空间，且巷道随时有再次坍塌的危险，必须争分夺秒将被困人员抢救升井。通过 36 天的努力 15 名矿工获救。

自救互救情况分析

1. 被困人员在井下最长的时间是 36 天。在这 36 天里，心理上承受极大的压力，由于救援人员的鼓励和安慰，才使他们坚定了生存的勇气，积极配合地面救援人员开展自救和互救。

2. 当被困人员通过钻孔与地面取得联系时，通过敲击钻杆传递信号等，为救援方案的制定提供了依据。

3. 在被困初期，他们集中使用矿灯照明，相互安慰，各有分工包括取水饮用、观察水位、传递信号等。

4. 地面救援人员全力以赴进行救援，首次采用大口径钻机由地面向被困人员地点打钻救援，除了专业救援队伍之外，其他参与救援的人员每天最多时近千人。

（王汝柱　高景利）

第六节 中毒窒息时的自救与互救

中毒窒息事故一旦发生，如果救护不当，往往增加人员伤亡，引起伤亡事故扩大。尤其在煤矿井下，有毒有害气体不容易散发，更易发生重大中毒窒息死亡事故。矿山井下常见的有毒有害气体主要包括：一氧化碳、二氧化碳、硫化氢、甲烷、二氧化氮、二氧化硫、氨气、氢气等。气体中毒发生突然多无明显先兆，难以及时发现。一般情况下如果感到有不明原因的头晕、胸闷、恶心、乏力、思维能力下降以及附近工友有类似症状时要高度警惕气体中毒发生。

一旦发现井下人员出现中毒窒息，首先，救护人员要摸清有毒有害气体的种类、产生的原因、可能的范围、中毒窒息人员的位置等情况，在采取相应的防毒、排毒措施后（如通风排毒、戴防毒面具等）才能进行营救工作。

现场急救应遵守下列程序

1. 进行救护的人员一定要佩戴可靠的防护装备方可进入有毒有害气体场所，避免救护者出现中毒窒息而使事故扩大。

2. 将中毒者立即抬离中毒环境，并迅速转移到支护完好的巷道的新鲜风流中，取平卧位。

3. 使伤员仰头抬颏，解除舌根下坠，保持呼吸道通畅，迅速将中毒者口鼻内妨碍呼吸的黏液、血块、泥土及碎矿等除去。

4. 迅速解开伤员的上衣与腰带，脱掉胶鞋，同时要注意保暖。

5．立即检查中毒人员的生命体征变化，如瞳孔、呼吸、心跳和脉搏情况。

6．如果发现伤员呼吸微弱或已停止，应立即给伤员带苏生器，若有条件时可给予吸纯氧。对于有毒气体中毒者不能实施人工呼吸。

7．发现伤员心脏停止跳动，立即给予胸外心脏按压。

8．中毒伤员经抢救呼吸恢复正常后，用担架将其送往医院继续治疗。

一、一氧化碳中毒自救互救

当井下发生瓦斯煤尘爆炸或发生火灾时，都会产生大量的一氧化碳，一氧化碳无色无味毒气弥漫，不知不觉就会导致人员中毒，应提高警惕不能小觑。

1．快速将中毒人员转移到新鲜的空气中，如果中毒人员较多一时难以转移时，要给其佩戴好自救器。施救人员必须做好安全防护措施或进行有效通风后才能进入中毒者的环境空间。

2．可采取临时供氧措施，缓解中毒情况，具体办法是将中毒者的自救器打开，取出氧气瓶，慢慢打开开关对准中毒者的脸部释放氧气。

3．如果中毒者还没有停止呼吸或呼吸虽已停止但心脏还有跳动，要立即解开衣服，搓摩他的皮肤，使他温暖以后，立即进行人工呼吸。并将中毒者口中一切妨碍呼吸的东西如假牙、黏液、泥土除去，将衣领及腰带松开。

二、硫化氢中毒自救互救

1．迅速将中毒者抬离中毒现场，移至空气新鲜通风良好处，脱去污染衣物，吸入氧气；对呼吸、心脏停搏者，立即进行胸外心脏按压及人工呼吸。

2. 忌用口对口人工呼吸，万不得已时与患者间隔数层水湿的纱布。

三、氮氧化物中毒自救互救

1. 人体吸入高浓度的氮氧化物会产生中毒，立即将伤员抬离中毒作业场所，到通风、空气新鲜处救治；救护人员应给伤员脱去被污染的衣服，解开衣领，平卧位，尽量保证伤员呼吸道通畅，维持周围环境安静，同时注意伤员保暖。

2. 若伤员突然出现不省人事、意识不清，则立即按压鼻唇沟部位的人中穴。若伤员突然意识丧失或短阵抽搐、呼吸停止、瞳孔扩大、皮肤黏膜苍白、心跳及脉搏消失，判断伤员出现呼吸心搏骤停，则立即实施心肺复苏抢救。

3. 对二氧化氮的中毒者注意防止肺水肿，一旦出现窒息只能进行口对口人工呼吸，不能进行压胸或压背法进行的人工呼吸，否则会加重病情。

四、窒息伤害的自救互救

井下窒息气体主要包括沼气、二氧化碳和氮气，发生窒息伤害的地点多发生在通风不良的巷道、临时停风区、密闭空间等氧气浓度低于12%的环境中，当人员误入该环境，就会发生窒息事故。其自救互救措施如下。

1. 当误入该区域的人员发现自己呼吸困难、身体乏力和意识减退等征兆时，要立即佩戴好自救器（必须是压缩氧或化学氧自救器）撤出。

2. 发现有人在该环境中窒息时，施救者首先要采取通风供氧措施，包括开启通风机、建风帘等，确保巷道内氧气充足时才能进入施救，否则立即汇报调度室，派救护队下井救援。

3．人员转移到新鲜风流处后，要积极救治，进行人工呼吸等。

（王爱田　高景利）

 第七节　尾矿库事故自救与互救

尾矿库事故主要是溃坝事故，事故发生后会造成人员被埋压窒息或机械伤害。

一、发生溃坝征兆时自救与互救

1．如果条件允许立即逃离或组织附近人员沿坝体流动的两侧方向逃离现场。

2．逃离后的人员要立即通知主管部门，疏散下游的居民。

二、洪水溃坝事故自救与互救

1．事故发生时，受威胁人员如果来不及逃生，要迅速躲到现场有遮挡物的地点，或用矿工帽扣在面部，创造呼吸空间或防止泥沙堵塞呼吸系统。

2．事故现场人员要立即组织施救，根据现场情况进行洪水分流和排水。

3．进行现场清挖，在确认范围内没有遇险人员情况下可使用挖掘机清挖，在不能判断或可能有遇险人员时要用小型工具或手清挖，以免伤害遇险人员。

4．在开展救援过程中要安排专人进行现场监护，如果发现二次溃坝的危险要立即撤人。

5. 清理出的伤员根据其伤情立即进行救治，包括清理呼吸道堵塞物，现场人工呼吸、止血包扎等。

三、泄水涵洞窒息事故自救与互救

在进行尾矿库泄水涵洞清理淤泥过程中，如果通风不良好，就会发生窒息事故。

（一）自救与互救方法

1. 发现现场施工人员有呼吸急促、呼吸困难、浑身无力等症状时，要立即全面撤出涵洞。

2. 有人员昏迷时要立即将其转移到通风口或通风良好的地点，并立即向涵洞外发出求救信号。

3. 外部人员首先要打通或清理涵洞进、回风口，利用自然通风向涵洞内通风供氧，然后组织人力利用通风设备向涵洞内机械通风，在确保涵洞内氧气充足的情况下，才能进入救人。

（二）注意事项

1. 严禁非专业救援人员盲目进入救人。如不能确保涵洞内氧气充足或没有检测手段时，必须等待专业救援队进入施救。

2. 如果涵洞内温度超过35℃时，要采取降温措施才能进入施救。

3. 如果涵洞内常年堆积有机物质，还要采取防瓦斯和硫化氢气体危害的措施。

（三）泄水涵洞窒息事故自救互救案例分析

2019年7月，唐山市某铁矿，在清理尾矿库泄水涵洞的过程中发生窒息事故，死亡多人。泄水涵洞需要定期清理，确保尾矿库泄水畅通，防止溃坝。该涵洞长度约 1 200m，断面约 1.5m²。该矿由于没有按规定清理，淤泥大量堵塞造成泄水涵洞泄水不畅，并且涵洞内已没有了自然通风。当日安排人去清理，工作人员分组进入，当人员进入约 1 小时以后，外边的人员发现里边没有了动静，感觉不妙，立即进入查看，当进入到约 1 000m 时，发现清理的人员全部倒地，上前触动没有反应，同时感觉自己也呼吸困难，而后立即返回地面报告领导。后请救援专业队救援，救出后已全部死亡。

这是一起自救互救失败的例子，具体分析如下：

1. 管理和操作人员缺乏自我保护意识，在开工之前没有制定安全措施。下涵洞之前没有采取检测有毒有害气体和氧气浓度，也没有采取机械通风措施等。

2. 在涵洞内作业的人员发现自己呼吸困难等症状，没有立即采取自救措施，立即返回地面。

3. 地面人员发现涵洞内人员窒息倒地后，没有积极开展互救，理应立即采取向涵洞内通风的措施，可他们一直在等专业救援队的到来，贻误了机会，造成多人死亡（图 4-7-1）。

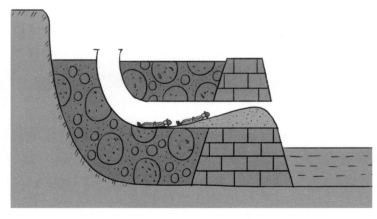

图 4-7-1　泄水涵洞窒息事故互救失败

（刘涛　高景利）

第八节 高温中暑自救与互救

中暑是指暴露在高温（高湿）环境和/或剧烈运动一定时间后，吸热－产热－散热构成的热平衡被破坏，机体局部或全身热蓄积超过体温调节的代偿限度时发生的一组疾病，可表现为从轻到重的连续过程。

我国是产煤大国，也是高温热害矿井最多的国家。随着矿井的开采深度不断增大，地温也随之升高，采掘工作面的气温在29～32℃，最高已达34℃，高温作业环境对安全和生产有很大影响，会使矿工在井下中暑，严重的甚至导致死亡。

一、中暑的预防与自救互救

（一）中暑的预防

预防中暑要从根本上改善劳动条件，降低工作环境的温度，调整作息时间。对矿工不定时地进行各种有关高温热病的知识讲座，以使在高温环境下从事繁重体力劳动的矿工学会相应的现场急救措施。

1. 矿井高温是诱发井下矿工高温中暑的最大危害因素之一，它是客观存在的，不可避免的，且随着采深的增大而加剧，因此矿井降温十分重要，只有从根本上控制了高温，因高温所诱发的职业病才能够减少甚至消失。

2. 高温环境下工作的矿工对维生素 C、维生素 B_1、维生素 B_2

和维生素 A 等需要量会增加，要增加矿工的饮食营养，合理增加冰西瓜、绿豆汤、菊花茶等清热解暑食品的保障。保证充足的睡眠，充足的睡眠有利于身体得到放松、恢复，是预防高温中暑的重要措施。

3．适量的饮水可有效减少因井下高温而诱发的中暑，井下工作时至少每小时喝 2～4 杯水（500～1 000ml），水温不宜过高，饮水应少量多次。不要饮用含酒精或大量糖分的饮料，这些饮料会导致人体失去更多的体液。同时还应避免饮用过凉的冰冻饮料，以免造成胃部痉挛。

4．对矿工的常识教育十分重要，要让矿工能够及时发现中暑的发病症状，并且掌握紧急救治方法，能够及时自救及互救，这将对自身和他人的救治起到巨大的作用。

（二）中暑的自救互救

1．**轻度中暑**　立即停止一切活动，静坐在凉爽的地方休息，饮用稀释、凉爽的果汁或运动性饮料，不要再进行重体力活动，如果症状无缓解需要就医。

2．**中度、重度中暑**　发现他人有中度、重度中暑表现时，记住救护五字诀"移散擦服医"。

移：迅速将中暑者转移到阴凉、通风、干燥的地方，使其平卧并垫高头部、解开衣扣、以利呼吸。

散：让中暑者仰卧、松开或脱去衣服，用脱下的衣服或风扇扇风，以尽快散热。

擦：用凉毛巾冷敷中暑者头部、腋下以及腹股沟等处，用温水或酒精擦拭全身。

服：意识清醒的中暑者或者经过降温后清醒的中暑者可服用淡盐水解暑，千万不能急于补充大量水分，否则可引起呕吐、腹痛等症状。还可服用人丹、藿香正气水等清凉解暑中药。

医：对于重症中暑者，应边降温边紧急转运至医院救治。搬运患者时应使用担架搬运，运送途中不间断地为中暑者降温。

二、高温中暑自救互救案例分析

2020 年 5 月，安徽淮北某矿，在排放瓦斯的过程中出现中暑死亡 2 人的事故。事故地点为煤矿井下一废弃的 1 000m 半煤岩巷道，由于其附近有火区，造成该巷道内空气温度约 45℃，沼气浓度 1% 左右，二氧化碳浓度 2% 左右，其他气体浓度正常。巷道有局部通风机通风但风量微弱。当日矿方安排本矿的救护队探查该巷道，排除瓦斯恢复正常通风。救护队下井来到巷道外口后，由两名队员进入探查，两名队员在外口待命。探查的两名队员佩戴好呼吸器后进入该巷道，当一个小时过去了还未见到他们返回，外边的两名队员感觉不正常，便进入寻找，当他们来到 800m 处时，发现两名队员的呼吸器丢在了一旁，而且两人身体全部裸露，躺在地上，上前检查已没有了知觉，而后两名找人的队员想搬运两名失去知觉的队员，但此时也感觉身体不适，就返回巷道外口，向领导汇报请求救援。当救护小队赶到将其救出时，遇险的两名队员经抢救无效死亡。

这是一起自救互救失败的案例，原因分析如下：

1. 当两名队员进入巷道探查时，能感觉到巷道内温度异常，虽然佩戴有氧气呼吸器，也应意识到不能长时间处在这样的环境中，当发现身体不适或疲劳等症状时应立即自救，即迅速撤出，可最后发现已进入到了 800m 处，且现场温度在 45℃以上。

2. 他们自己摘下了呼吸器、脱掉了全部的衣服，说明他们已严重中暑，可他们身边就有通风的风筒，且没有利用。

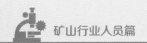

3．寻找的两名队员也没有采取有效的互救措施，没有立即用风筒为遇险者供风，减低现场空气温度等措施。

（杨云飞　高景利）

第九节　**触电事故的自救与互救**

煤矿井下，由于巷道窄小、潮湿，有滴水，接触电气设备的机会多，因此很容易引发漏电、触电事故。漏电事故产生时可能造成人身触电、引起瓦斯及煤尘爆炸、烧损电气设备，引起火灾等，当井下遇到人身触电时，要学会自救与互救。

一、明确触电事故的种类

触电事故通常表现为两大类，即：电击和电伤。

（一）电击

电击为电流直接通过人体的伤害。当电流通过人体内部后可破坏人体内细胞的正常工作对人体器官造成损伤。主要表现为：引起麻感、针刺感、压迫感、打击感，可出现痉挛、疼痛、血压异常、昏迷、心律不齐、呼吸困难，甚至窒息、心室颤动等症状。

（二）电伤

电流作用于人体表面的伤害称电伤。主要分为：电弧灼伤、电熔印、皮肤金属化、机械性损伤、电光眼等。

二、在生产工作中发生触电时，可采用以下步骤进行自救与互救

人体触电后的主要的表现可有假死、局部电灼伤、伤害较轻3种类型。触电者出现知觉丧失、面色苍白、瞳孔放大、脉搏和呼吸停止即为假死。只要对触电者及时进行抢救是极有可能被救活的。

（一）触电的主要急救原则为"迅速、就地、准确、坚持"

1. **迅速** 迅速脱离电源。争分夺秒使触电者脱离电源。

2. **就地** 就地急救处理。必须在现场附近就地抢救，千万不要长途送往供电部门、医院抢救，以免耽误抢救时间。从触电时算起，5分钟以内及时抢救，救生率90%左右。10分钟以内抢救，救生率60%。超过15分钟，希望就很渺小了。

3. **准确** 准确地使用人工呼吸。如果触电者神志清醒，仅心慌，四肢麻木或者一度昏迷还没有失去知觉，应让他安静休息。

4. **坚持** 坚持抢救。坚持就是触电者复生的希望，只要有百分之一希望就要尽百分之百努力去抢救。

触电者死亡的几个象征：心跳、呼吸停止；瞳孔放大；尸斑；尸僵；血管硬化。这五个特征只要1～2个未出现，应作假死去抢救。

（二）迅速解脱电源

1. **脱离低压电源的方法** 可用五个字来概括：拉、切、挑、拽、垫。

拉：就近拉断电源开关、拔出插头或瓷插熔断器。

切：用带有绝缘柄的利器切断距离触电现场较远的电源开关、

插座电源线。应防止被切断的电线误触他人，所以操作时必须切断电源侧电线；分相切断多芯绞合线，并防止短路伤人。

挑：在触电者身上或压在身下发现导线搭落，可用干燥的木棒、竹竿等挑开触电者身上的导线，或用干燥的绝缘绳索拉触电者或导线，使触电者尽快脱离电源。绝不能用金属工具或潮湿的木棒去挑开电线。

拽：救护人员拖拽触电者时可戴上手套或在手上包缠干燥的衣服等绝缘物品，使之脱离电源。急救者可用包裹随身干燥衣服、干围巾等的手拉拽触电者干燥衣服，或用急救者的干燥衣物结在一起去拖拉触电者，使其快速脱离电源。

垫：如果触电者因痉挛，手指紧握导线，或者导线缠在身上，可先用干燥的木板塞进触电者身体下面，使触电者与大地绝缘，然后再采取其他的办法把电源切断。

根据不同的情况灵活运用这五种脱离低压电源的方法。

2. 脱离高压电源的方法

（1）立即电话通知有关供电部门拉闸停电。

（2）如果电源开关离触电现场不太远，救护人员可带上绝缘手套，穿上绝缘靴，用相应电压等级的绝缘工具按顺序拉断开关。用绝缘棒拉开高压跌落熔断器，拉开高压断路器，或尽快切断高压电源。

（3）也可以人为造成短路，抛挂裸金属软导线，迫使开关跳闸。

3. 使触电者尽快脱离电源需注意事项

（1）救护人员一定杜绝用手或其他金属及潮湿的物体作为救护工具。

（2）未采取有效绝缘措施前，救护人员不得直接触及触电者的皮肤和潮湿的衣物。

（3）救护人员在施救过程中宜单手操作，拉拽触电者使其脱离电源。

（4）当有人在架空线路上触电时，触电者脱离电源后，用绳索将触电者送至地面以防摔伤。

（5）如事故发生在夜间，应设置临时照明灯。

（三）简单判断触电情况

解脱电源后，触电者往往处于昏迷状态，情况不明，故应尽快对心跳和呼吸的情况作一判断，看看是否处于"假死"状态。其具体方法如下：将脱离电源后的患者迅速移至比较通风、干燥的地方，使其仰卧，将上衣与裤带放松。首先判断伤者的意识状态，如发现伤者神志不清，则迅速检查有否自主呼吸和大动脉搏动，同时详细检查伤者是否存在骨折、烧伤等其他情况。根据具体情况分别进行现场急救处理。

1. **判断伤者意识状态的方法** 如疑似触电，则在伤者耳边清晰、响亮地呼喊其名字，用手拍打肩膀，如无反应则判断为意识障碍，神志不清。可用"拍、按、叫、好"来表示。即：拍肩；按人中；呼叫；放好体位。

2. **判断是否存在自主呼吸的方法** 对于触电并神志不清的伤者，将其仰卧于干燥、平坦的地面上，用"看、听、试"的方法来判断伤者有无自主呼吸。"看"是指观察胸、腹部有无起伏；"听"是指用耳朵贴近伤者鼻部，"试"是指用手指靠近鼻孔，来感知鼻腔有无呼吸气流，如没有气流则判断自主呼吸消失。以上"看、听、试"的判断方法，应在10秒内完成。

3. **判断是否存在心跳的方法** 如判断者位于伤者右侧，用右手的食指和中指并拢触摸伤者左侧颈动脉，感知颈动脉有无搏动；反之，如判断者位于伤者左侧，用左手的食指和中指并拢触摸伤者

右侧颈动脉，如感知不到颈动脉搏动，则判断其心脏停搏。

（四）正确互救

经过简单判断，一般可按下述情况分别处理：

1.触电者神志清醒，但感乏力、头昏、心悸、出冷汗，甚至有恶心或呕吐。此类触电者应就地安静休息，减轻心脏负担，加快恢复；情况严重时，小心送往医疗部门，请医护人员检查治疗。

2.触电者呼吸、心跳尚在，但神志昏迷。此时应将其仰卧，周围的空气要流通，并注意保暖。除了要严密地观察外，还要做好人工呼吸和心脏按压的准备工作，并立即通知医疗部门或用担架将患者送往医院。

3.若触电者处于假死状态，则应立即针对不同类型的"假死"进行对症处理。心脏停搏的，则用体外人工心脏挤压法来维持血液循环。

（温英武　高景利）

第十节　机械伤害的自救与互救

一、机械伤害定义

矿山施工中，机械伤害，主要是指工人在机械设备运行过程中所遭受的侵害，一般情况下，引起伤害的均为运动中机械设备之上部件、工具以及加工件，当其与作业之人产生直接接触后，所形成的夹击、卷入、碰撞、剪切、刺、绞、割及碾等多形式伤害，均从属于机械伤害。

二、机械伤害自救与互救

1. 发现自身或是身边人受到机械伤害时，应该第一时间关停作业机械，并快速帮助受伤人员脱离开机械安全距离外。

2. 当矿下已经发生机械伤害事故后，作为伤者自身，首先应保持冷静、镇定的心态，绝不可慌乱或是害怕。随后，针对受伤的患处第一时间进行检查，并进行急救处理。当无创伤时，伤害表现仅为红肿、热、痛类情况，可视轻伤进行酌情处理。作为伤者身边人员，则应该在第一时间对伤者的神志、呼吸以及心跳进行查看，随后对患者的瞳孔加以查看，当矿下条件充足时，还可同步对伤者进行血压测量。

3. 进行矿下机械伤害处理期间，尤其在为伤者救助时，应该重点检查其身体之上是否出现骨折、出血或是畸形类伤害。如出现创口，外在表现为小范围且表层较浅类创口，或是出现少量出血类创口时，可使用诸如红花油、云南白药类药物进行治疗，进行加压止血。如出现头部颈骨疼痛情况可简单进行颈部固定（图4-10-1）。

图 4-10-1　颈部固定示意图

4．当伤者创口较深，创面也比较大且出血量较多时，应该立即对其进行捆绑止血，止血工具可采用手巾或是布条，目的在于减少受伤者出血量，预防伤者在受到机械伤害后出现感染情况。期间，如受伤位置高于心脏高度时，为避免伤害神经，需在手掌近端位置进行绑扎止血处理，过程中应间隔30分钟为伤者进行一次放松，放松时间控制在半分钟到1分钟之间。随后，按照伤者的实际情况，为其进行对应的人工呼吸、心脏按压或是止血、包扎、固定类医疗应急救助措施，目的在于防止患者出现伤害加剧问题。

5．对于休克以及昏迷受伤人员的救助。首先让受伤人员平卧地下，不可垫高头部，且腿部需抬高，与地面呈30°角。当被急救者属于心源性休克，且期间伴随心力衰竭或是气急类情况，则被救助者不可平卧，矿下施救者可为伤者采用半卧姿势，并注意保证其身体温度和静养状态，绝不可盲目搬动伤者身体，如必须搬动，则也必须轻之又轻。

6．当发生断指乃至断手类机械伤害，尤其是情况严重时，需要先行救助者使用干净的纱布（如条件不足可选用干净的布），将断掉的手臂或手指包好，随后使用胶带将布内断肢粘贴包裹起来，并立即使用冰块将其冰冻起来，随后在最短时间内将断肢送至医院进行治疗。过程中需注意，绝不可使用液体去浸泡断臂或断指。

（阚桐　高景利）

第五章

矿山职业安全与健康防护措施

第一节　防毒

　　矿井的空气是由地面空气通过送风系统进入矿井以后和井下气体混合而成，受到矿井多种自然因素以及生产作业过程的复杂影响，使得井下气体的成分、质量与地面空气有明显区别。地面空气进入井下受到污染，氧浓度下降，二氧化碳的含量升高，同时一些有害和有毒气体也混了进来。

　　硫化氢是井下常见的有毒气体，比空气稍重，可以被点燃，能溶于油和水等液体，而且温度越高，溶解量越低。硫化氢闻起来有明显的臭鸡蛋味，在空气中有一点时就很容易被人感觉到。但因为人体吸入少量后，很快对于硫化氢产生嗅觉疲劳，甚至麻痹，对它反而没有了感觉，可能吸入持续增多，达到一定浓度时会严重受伤乃至死亡。硫化氢被点燃后生成的二氧化硫也是有毒的，同样稍微重于空气，吸入一定量后也会对人员造成伤亡。硫化氢最可怕的危害就是由于意外接触后引起突然的死亡，并且常常不能根据是否有臭鸡蛋味判断硫化氢存在以及气体浓度。血中高浓度硫化氢可导致昏迷、心跳和呼吸骤停，甚至死亡（图 5-1-1）。

图 5-1-1　硫化氢中毒窒息事故

在刚刚吸入硫化氢就能想办法很快脱离硫化氢环境，那么硫化氢在人体内就会氧化失活，可能恢复健康。硫化氢引起的呼吸暂停或肺水肿等还可能导致继发性缺氧，进一步发展，可能导致神经系统异常，可能发生多器官功能衰竭。

井下作业过程中要防范硫化氢中毒，应给予作业人员配备正压式空气呼吸器，以及配备一定量的备用空气瓶，并充满压缩空气。要为井下作业人员配备能够监测硫化氢的报警仪，固定设备以及便携设备都要有，并且要保证足够数量覆盖作业区域。

一旦作业场所硫化氢的浓度大于 $15mg/m^3$（10ppm），或二氧化硫浓度大于 $5.4mg/m^3$（2ppm），必须对工作人员及时保护。通过固定区域中可看到的或能发声的硫化氢监测系统预警，这些设备要安装在全部的作业区域都能察觉的位置，对于高危作业人员应标配便携硫化氢监测仪。

1. 报警仪使用的注意事项

（1）因为这种固定式的硫化氢报警仪通常使用时间很长，仪器的线路可能逐渐出现误差，因此最好每天都核查一次报警的设定点，及时调零，如发现有异常数值要及时调整修正，避免错误报警或者漏报警酿成事故。

（2）如果作业场所的硫化氢报警探头的位置长期在户外露天状态，为了避免雨水侵蚀电路和显示屏，要用防雨罩保护。

（3）为了使得监测数据准确，要定期校验报警器的传感器。

（4）每次更换报警传感器时务必小心，不能损坏探头元件造成报警失灵。要严格定期做好报警仪的校验，并且按照计量规程规范校验。固定式的硫化氢检测仪的校验频率每年最少一次，便携式的监测仪也不应超过半年。

当作业区域监测到硫化氢或二氧化硫含量已经超过上限，但两种气体的含量暂时不能明确时，应紧急使用正压空气呼吸器，必要时可带全面罩呼吸以避免毒气危险。需要注意的是，在较低温度下使用呼吸器，可能出现呼出气容易凝结，导致视线模糊现象。要确保面罩表面的薄雾减少到最少，避免长期覆盖到目镜内面。如果室温较低甚至接近0℃情形下，可以在目镜内表面涂上抗雾涂剂，减少水雾凝集影响视线。特别警惕的是，极低气温可能让呼出阀的水汽结冰导致屏幕冻裂，这样有毒有害气体就可能从破裂的面罩进入危害人体。

正确使用呼吸装备：当周围环境的硫化氢浓度超过安全限制 $30mg/m^3$（20ppm），或者作业人员怀疑周围环境有硫化氢或二氧化硫，但不能马上监测到有害气体可靠的浓度之前，一定要佩戴正压式空气呼吸器之后再进入该区域，并且全程在呼吸器保护下完成必要的作业并且撤离到安全的区域。另外还要提醒所有井下工人：在参与任何救援之前，或者要进入有毒的危险区域前，佩戴正压空气呼吸器过程必须在确认无毒无害的安全区域完成。

矿山要严格遵照相关规定，设置醒目的装置作为风向判断的指示，比如风向袋、彩色飘带、旗帜等，且安装的位置要容易被看到，最好是矿工一进入作业场所时视线最容易达到的区域。在作业区域要有临时躲避有毒危险的相对安全区域（至少要有两个），要确保在主导风向的上风口上足够安全的距离，如果条件所限也要和主导的风向夹角90°以下，警惕逆风导致中毒。如果作业时的风向和主导风向一致时，安全区域可以进入，如果风向改变时，比如作业人员感觉到风是从自己的斜后方吹过来，也要确保在紧急情况时有一个安全区域可以让人员避免毒气迎面吸入。

机械通风也是避免有毒气体集聚的常用方法，常用鼓风机和风扇，可以大大降低作业区的硫化氢含量。在工业流程中硫化氢可能产生的区域尤其是进口处位置，针对硫化氢气体的溢出要规范设立警示标识，在入口等醒目区域，要提示"硫化氢作业——须监测设备确认安全状态下进入""不佩戴呼吸器禁止进入"等警告标语。

一旦发生毒气泄漏，应该有充分的应急预案，内容包括：应急团队成员及具体的责任、通讯方式、一键启动预案、毒气泄漏周围的居民情况、周围公共场所分布、逃生路线、阻挡的建筑及障碍物的位置。作业人员要定期进行应急演练，确保各项设备能正常运行，参与训练的人员要分工清晰、责任明确。每次演练后必须如实记录得失，总结经验教训，促进日常的安全工作。演练的书面及影像资料要保留。

2. 进入作业区域的注意事项

（1）当安装矿井大型设备之前，要先判断检查井场环境是否安全，如怀疑有害气体存在，优先探测毒性大的硫化氢，尤其那些较为低洼的地带和井口，是硫化氢易于聚集的区域。

（2）要按照主导风向原则，让人员尽量在上风口区域作业，相应作业需要的机械装备、车辆也要尽量根据主导风向安放停靠，减少应对毒害气体的时间。在作业矿井要留出一个安全区域，用于毒气泄漏的紧急情况下的临时躲避区。组织所有人员定期培训，让参与作业人员熟悉毒气泄漏发生时的应急预案，确保每个人能及时到达安全躲避区域。定期检查个人的毒气防护装置以及各个毒气泄漏预警程序。

（3）在有可能毒气泄漏流经的作业区域，要安装能够指示风向的醒目标识标牌。用于监测硫化氢等毒气的监测仪器要足量配备，严格按照规程定期检查、校验、维修，确保在正常运转状态。

（4）一旦作业环境的硫化氢监测浓度超标出现报警现象，要保证能应急预案立即启动并且实施。

（5）如果环境监测到硫化氢浓度大于 $15mg/m^3$、二氧化硫浓度大于 $5.4mg/m^3$ 时，没有佩戴好呼吸器的人员一律不能进入危险区域。当救援人员需要进入场地对遇险的矿工施救时，必须在进入前就戴好呼吸器保证自己的安全，一直到撤离至安全区域。

（6）如果当时情况确实紧急，矿工必须继续完成作业而无法离开，但环境监测到的硫化氢浓度大于 $15mg/m^3$ 或二氧化硫浓度大于 $5.4mg/m^3$，那么必须在确保戴好呼吸器的前提下尽快完成作业。

（7）每天在矿工进入作业环境前，必须由负责安全的监督员到现场先完成例行安全检查。主要项目有：

1）作业环境有无硫化氢等有害气体。

2）根据环境的主导风向变化，确定或者更改新的临时安全躲避区域。

3）逐一检测硫化氢检测设备及每一处报警仪是否运转正常。

4）个人呼吸器放置位置以及运转情况。

5）确认所有消防应急设施是否摆放合理。

6）每一个急救设备能否随时正常运行。

当作业现场监测点的空气中有毒气体量没有超过阈限值并且监测设备没触发报警时，井控坐岗的监测数据要与现场监测数据保持同步，最少每 2 小时更新 1 次，最大限度避免有毒气体的聚集。

如果作业环境报警达到第一级值时（硫化氢达 10ppm、一氧化碳达 12ppm），现场环境的监测数据更新要缩短成 30 分钟。

如果作业环境报警达到第二级值时（硫化氢达 20ppm、一氧化碳达 24ppm），现场环境的监测数据更新要缩短成 15 分钟。

如果作业环境报警达到第三级值时（硫化氢达 100ppm、一氧化碳达 100ppm），现场环境的监测数据更新要缩短成 5 分钟。

作业现场的实时监测内容主要包括监测的时间、位置、项目、数据、监测者签字。

3. 有害气体浓度达报警值的应急处理原则

（1）有毒气体达第一级报警值时

1）立即安排专人判断主导风向和风速，评估毒气可能达到的危险范围。

2）第一时间切断危险地区重要电器设备电源。

3）立即派专人在安全地带佩戴好正压呼吸器，尽快赶到危险区域，查明毒气的泄漏位置。

4）组织作业区域的非作业人员有序迅速地转移到安全躲避区。

（2）有毒气体达第二级报警值时

1）在场人员戴好正压呼吸器。

2）马上报告上级以及安全员。

3）派专人分别在距离毒气泄漏的下风口 20m、50m、100m、500m、1 000m 的位置监测有毒气体，必要时可再缩短监测点距离。

4）启动井控相关程序，尽快控制和关闭毒气源头，避免进一步损害。

5）立即组织现场所有非作业的人员紧急撤离。

6）立即清点在作业现场的人员，以便于后续的搜救工作。

7）最快速度切断现场火源，避免次生火灾。

8）立即联系救护及医疗等救援机构施救。

（3）**启动应急响应：**如果遇到井喷失控情况，在井口的主要下风口距离 100m 的毒气浓度超过安全限时，要即刻启动应急流程：

1）环境现场的最高负责人立即通告当地政府部门，并且协助救援机构疏散井口附近人员，根据实施监测数据反馈，做好扩大转移撤离人员的准备。

2）第一时间关停危险区域附近的设备设施，避免火灾、触电等次生损害。

3）设立安全隔离警戒区域，未经允许，任何人不准入内。

4）联系消防、救护、紧急医疗救助机构。

如果井喷失控达到第三级报警值，按照应急程序所有人员必须立即转移离开。现场最高负责人要按照程序通知所有相关救援机构人员。

完成所有针对毒害气体防护措施的同时，要持续监测所在区域有毒有害气体数据，并且实时更新，为能够再次安全进入该区域提供数据保障。

4. **个体防护**　在有毒有害气体超标情况下，应佩戴防毒呼吸器。在下井前一定要检查自己的自救呼吸器是否能够正常工作，在到达作业环境前要知道所在区域的通风口、上风口以及必要时的逃生路线。发生中毒事故后，在自身没有佩戴好防毒面具的时候不要试图去参加其他中毒人员的救护。必须用正确的方法佩戴防毒用具，且要充分检查用具是否能够正常工作，密闭性是否完好。防毒面具中的活性炭部分，它对各种毒气的物理吸附效应是可逆的过程，短期内吸附以及释放脱附的速度都很快，而且活性炭含量是一定的，它对毒气的吸附具有饱和性，所以在周围已经没有毒气或者毒气的浓度已经降到很低的安全环境中，要及时摘下防毒面具以避免面具中吸附的毒气自行脱附后再次被人体吸入造成中毒。

（赵瑞峰　崔少波）

第二节　防尘

《中华人民共和国矿山安全法实施条例》第二十五条有相关规定，所有矿山企业要对矿井以及地面能够产生粉尘的环节进行综合防尘，减少或控制粉尘对作业人员的危害。

当煤炭因为各种原因变成煤粉状态时，表面积总和明显增加，这样就加大了煤和氧气接触的面积，加快了被氧化的速度。由于煤是可燃物，一旦遇到火源，就发生急剧的氧化反应，一旦温度超过300℃煤就发生强烈的干馏并且产生大量很容易燃烧的气体。它们和空气充分混合后，经受高温的作用，形成以每一个煤尘粒为中心的活化复合物。经过一系列链式复杂化学反应而闪燃，爆发出巨大热量，再经过能量传递，让周围煤尘也一起参加链反应。这样循环放大，并且在很短的时间和空间内急剧燃烧，造成局部的温度和气压剧烈上升，以冲击波的形式连续发生严重的爆炸，有着极大的致命性。

非煤类型矿山在凿岩、爆破、装车、转运和加工破碎等生产过程不可避免生成较多粉尘，很多尾矿库的粉尘量也相当巨大。粉尘对人体的危害受到粉尘的成分、游离程度、浓度、含有二氧化硅的量等影响，粉尘中的二氧化硅越多对人体损害越大。在直径不同的粉尘中，呼吸性粉尘有害程度更高。长期吸入大量粉尘可使作业人员引发尘肺病，对肺功能伤害巨大，通气和换气都明显下降，长期发展对人体造成损害。

根据前面章节详述内容，我们明白了矿尘的形成特点和理化性质、危害因素，尤其是煤尘等特殊矿尘易燃易爆的特殊性，在矿山管理中需要从以下方面构筑防尘屏障。

减尘、降尘措施

通过各种措施减少矿井各种生产流程中的产尘和空气里面悬浮的矿尘，避免严重的煤尘燃爆事件，也最大程度减轻矿尘对人体损害。

（一）通风除尘

通风除尘就是利用风的流动力量，把矿井内的悬浮在空气中的矿尘带走，直接降低作业区域的矿尘含量。影响通风除尘效果的因素主要包括风流速，还有矿尘的重量、密度、含水量等，其中风速最关键。这里面有一个概念"最低排尘风速"，顾名思义就是能让呼吸性粉尘保持悬浮并跟随风流移动排出的最低风速。这里有一个误区，就是风速越大除尘效果就一定越好吗？其实随着风速的增加，粉尘浓度呈现抛物线变化，过高的风速，可能使落在地面的粉尘再次被吹扬起来污染风流增加粉尘浓度。

因此我们需要最优排尘风速，也就是说达到一定的风速，既能发挥最大的清除悬浮尘粒功能，还不会让较重的矿尘再次飞扬进入空气。通常煤矿掘进面最优风速为 0.4 ～ 0.7m/s，对于机械化作业的采煤工作面最优风速是 1.5 ～ 2.5m/s。

（二）湿式作业

湿式作业就是通过各种方式让尘粒湿化，之后捕获处理的方法。能够湿化的物质常用管道水或特殊磁化的水，还可以用特殊的表面活性剂或者湿润剂等，这也是目前矿山防尘主要使用的技术之一。该技术相对其他方法设备简单、操作快捷、成本相对低廉，也有很好的除尘效果，但同时也因为使作业环境的湿度大大增加，增加了矿产品的含水量，可能影响产品质量，过于湿化的环境可能对人体不利。另外湿式作业使用也受一定的环境限制，虽然在采矿中广泛使用，但如果当地水资源不丰富，或者局地寒冷容易上冻就不太适合。常见的湿式作业形式有：湿式凿岩及钻眼、局部喷雾和洒水、水炮泥以及水封式爆破等。

1. **湿式凿岩**　湿式凿岩及钻眼就是在采矿的凿岩和打钻流程中，把水的压力升高输送到凿岩机和钻杆，充分湿润矿尘，之后利用水流冲洗除尘。凿岩和钻眼作业两项作业产生了矿井掘进的主要矿尘。有数据表明掘进过程产尘总量的 80% 是干式钻眼相关的，而通过湿化水处理流程后这项操作可以除去 90% 的矿尘，并且少尘的环境使得操作效率提升 20% 以上。可见，湿式凿岩、钻眼是降低掘进工作面产尘的有效措施。

2. **喷雾洒水**　喷雾洒水降尘就是利用水把沉积在煤堆、岩堆、巷道周壁、矿井支架等部位的矿尘进行湿润。经过湿润后的矿尘粒之间会因为重力及黏着力等互相附着凝集成更大的颗粒，容易附着在地面及墙壁等平面，而且由于矿尘聚集重量增大也不容易再次飞扬，悬浮量也明显减少。一些工作面需要炮采、炮掘，也可以在放炮的前后分别洒水，降尘的同时还能最短时间把放炮后产生的烟雾排出，这样也使得通风的时间大大减少提高工作效率。矿井下的洒水可以通过人工洒水，有条件地使用洒水喷雾器。喷雾洒水就是将有一定压力的水通过喷雾器雾化成细微的水雾弥散的喷射于矿井作业的空气中，捕尘作用明显。有数据显示，压力较低的洒水除尘率大概是 50%，而用高压的喷雾器后除尘效率高达 80%；炮掘工作面除尘比较数据，低压洒水的除尘率为 51%，而高压喷雾除尘率高达 72%，尤其对微细粉尘的抑制效果显著。因此，那些高强度生产并且作业环境产尘量巨大的矿井，或者一些对除尘有高要求的特殊位置，建议配置自动洒水除尘设备。

3. 湿润剂除尘　湿润剂因为特殊的基团理化性质，一旦混合到水中，会让水溶液的表面排列紧密、定向，当进入到煤层注水后大大提高水的渗透率，充分湿化煤尘，除尘率明显增加，尤其对于呼吸性粉尘效果更优。

4. 泡沫除尘　就是把泡沫体完全覆盖尘源，中间不留空隙，这样就把产生的粉尘随生产过程及时湿化并且固定沉积。它的原理就是让发泡剂与水充分混合产生大量泡沫，在发泡器作用下喷射尘源体，泡沫体积在短期内迅速扩大，和矿尘微粒充分作用，相互作用时间大大延长，矿尘微粒之间被充分隔绝和湿化，即使是极其微小的粉尘也能够得到充分湿化。

5. 磁化水除尘　经过特殊的磁化装置把水处理，这样就改变了普通水的理化性质，水被短暂磁化后不容易黏附，微观结构的晶体也变短，这样水珠更细更小，很容易被雾化，这就使得水和粉尘充分相遇混合作用，粉尘被湿化程度高。磁化过程能最大限度地捕获呼吸性细粉尘。受到磁化水极强的润湿功能以及强大的吸附能力，矿尘变重更容易下降坠落且不容易飞扬，所以降尘效率很高。

6. 水炮泥　是把传统的部分炮泥分成两部分，一部分用装水的塑料包装替换，混合后填到炮眼里实施爆破，这时候所有水袋发生破裂，由于时间极短，大量的水在有限空间里被高温高压汽化，生成的水汽混合了矿尘后由于湿化和加重而凝结坠落到地面，明显降低环境的含尘量。据统计水炮泥作业后环境中粉尘含量低于传统土炮泥 20% ～ 50%，特别是颗粒更微小的呼吸性粉尘减少最为显著。此外，水炮泥通过充分的湿化也让爆破过程有害气体生成量大大降低，也将通风时间显著缩短，对煤矿矿井环境还能防止爆破时引燃空气中的瓦斯。当然水炮泥的塑料袋应不易燃、本身无毒，还要有一定的强度，在爆破前不至于自行破裂影响爆破效果及爆破过程中产生水汽的效果。

（三）净化风流

就是用一种装置捕获矿井巷气流中的矿尘。目前常用的净化风流有两种，水幕以及除尘装置。水幕其实就是在水管上每隔一段距离开口后连接喷雾器，通常设置在矿井的巷道顶端及两侧，当水流动时形成喷雾，每一处喷雾覆盖正片区域形成水幕效应。为尽可能发挥除尘效果，喷雾器的分布要满足如下条件，即形成的水幕要布满巷道断面，而且水幕要尽可能靠近和覆盖尘源。

湿式除尘装置：除尘装置，也叫作集尘器，就是把矿井作业场所的气体里的固体微粒通过分离、捕捉最后收集除尘。常用的集尘器有干式和湿式两种。

此外，对于煤矿井下煤尘有易燃易爆高风险的特点，防尘的技术措施除以上减、降尘措施以外，还要着重防止煤尘引燃及隔绝煤尘爆炸等系列措施。

煤矿通常采取以煤层注水等手段加以防范。煤层注水是在回采前预先在煤层中钻好一定数量的孔，将水以一定压力注入钻孔，水逐渐渗入煤体，增加煤的含水量，利用水的黏附聚集等作用，减少采煤过程中煤尘的产生量。煤体中间有一定的裂隙，里面本来就存在很多煤尘，通过水湿润后容易粘结，采矿作业时发生破碎时由于重力以及湿化就不容易飞扬漂浮，在采煤工作进行时，破碎煤面的水也阻止了细粒煤尘的飞扬，而且煤体进水后的塑性增加，脆性变弱，采煤时煤尘的产生量就大大减少。

对于那些瓦斯含量高且压力较大的煤层，往往很难有效注水，这时需要使用较高的压力注水，以达到充分的湿化。煤层注水的常用方式有：短孔注水、深孔注水、长孔内注水、巷道内钻孔注水等。

注水相关设备：给煤层注水常需要一整套设备，包括钻机、高压水泵、分流装置、封孔装置、水表等。

为了避免煤尘爆燃需要注意：缩小和控制爆炸范围包括清除坠落粉尘、广撒岩粉、安装水棚（常用的有水袋棚和水槽棚两种）。

还有先进的自动隔爆棚，就是通过电子传感装置，模拟计算机监测后得出预警机制，在不可避免的煤尘爆炸发生前极短时间内，把固体或者液体的消火剂喷洒到作业环境灭火，将煤尘爆炸消除在萌芽状态，或者尽可能控制爆炸蔓延。

（四）个体防护

在采取工程技术措施防尘降尘的同时，佩戴防尘口罩是有效的补充。防尘口罩的基本要求是：阻尘效率高，佩戴舒适、呼吸阻力小，不影响工作视野。普通纱、棉口罩的阻尘率低，呼吸时的阻力较大，吸附呼吸道水汽后潮湿，不舒适，应当避免使用。目前常用防尘口罩材质包括：超细纤维、羊毛毡、聚氯乙烯布等。

（李海学　崔少波）

第三节　防噪声

《中华人民共和国环境噪声污染防治法》的目的是保护和改善人们的生活环境，保障人体健康，促进经济和社会的发展。这部法律也是我们每一个劳动者，特别是矿井艰苦作业人员维护权益的武器。矿山作业环境的噪声强度通常巨大，而且往往噪声源来自多方面、持续时间较长、短时间内难以中断。采矿业环境中工作的人员半数以上都不同程度地受到听觉损害，损害程度不仅与噪声的强度、频率有关，还与每个人的心理、生理状态以及社会生活等多方面因素有关。

要做好噪声防护，就要从声源、噪声的传播途径到噪声接受者这三个环节来进行。其实最根本的治理噪声措施就是从噪声的来源下手，比如降低噪声发生的力度，降低噪声传导各环节中相应噪声源的程度，甚至改变流程、工艺等措施。还可以在传播途径方面达到噪声的降低，这也被普遍应用于控制噪声，有效的方法包括吸音器、隔音材料、加用消声器等等。还可以在噪声所波及的区域加强防护，特别对于那些无法控制噪声声源或者不能阻止噪声传播途径的情况。当然噪声最终损害的是我们的作业工人，所以在作业场所的人员更要加以足够防护。

吸声降噪是通过各种措施控制噪声传播途径，从而降低噪声强度。当一束声波经过媒介到达物体表面，一部分声波的能量在物体表面被吸收转化成另一种能量降低声强，这就是吸声的本质。要实现这个吸声减噪的过程，通常需要一些特殊的材料，比如板状共振吸声材料、多孔吸声结构、穿孔板共振吸声装置、微穿孔板共振吸声结构等。

（一）多孔性吸声材料

目前常用于吸声减噪的材料有几种，即泡沫材质、纤维材质和颗粒材质。

纤维材质的多孔吸声装置类型包括玻璃纤维、矿渣棉、毛毡、甘蔗纤维、木丝板等。颗粒类型的吸声材料主要有膨胀型珍珠岩和微孔型吸声砖。

（二）吸声结构

1. **单孔型共振吸声器**　这种共振吸声器的结构一般是由腔体和颈口两部分所组成，也叫作亥姆霍兹型共振器。

2. **穿孔板**　这是一种使用广泛的吸音噪声控制装置，核心结构是穿孔板，里面有众多的单孔共振腔，大量的共振腔再并联组合。

3. **微穿孔板**　大部分普通的穿孔板具有 1.5 ～ 10mm 的厚度，每个孔的直接是 2 ～ 15mm，穿孔率范围在 0.5% ～ 5%；而制成微穿孔板的吸音结构后，板厚度和单孔直径都 <1mm，穿孔率升高到了 1% ～ 3%，并且和空腔结构共同组成一种微穿孔板的复合吸声结构。这样就使得吸声效率大大增加。

4. **薄板吸声结构**　一些不能穿孔的薄质板，如金属材质、石膏材质和塑料材质板，固定好周边，在薄板的背面保留一定厚度的结构，里面充满空气，这样就构成了薄板型共振吸音降噪装置，这类型吸声器特别适用于低频声的降噪。

有些场景主要通过空气传声，我们通过一些方式阻隔噪声的传播媒介，比如构筑墙体和加装一些材质的板材把声音和接受噪声的人员尽量分隔，这样噪声的传播就会不顺畅，或者延缓在空气中传播的时间、降低传播通过的能量，可以显著地减少对周围环境和人员的影响，这种方式就是隔声，是噪声控制领域普遍使用的简单措施。目前用于矿井的隔声物品包括各种隔声间、隔声罩以及隔声屏障。

隔声间：顾名思义，就是一个封闭的隔间，由墙及门窗等结构组成隔声房间，通常包括隔音、吸音、消声器、阻尼器和减振器等多种声学构件，通过他们的组合共同来控制噪声，不是单一起作用。

隔声罩：上述隔声间使用成本较高，对于那些噪声源相对集中，或噪声源比较单一的情况，就可以使用一个小的罩子把噪声源隔离到一个相对小的封闭空间里，这样的设备就是一个隔声罩。

隔声屏障：对于那些很难在狭小的空间或者封闭环境设置隔音装置的情况，我们可以在声源与接受者中间加装一种障板，通过这个声屏障把声波的传播直接阻断，这样就降低了噪声能量。

（三）消声

消声器不同于上述的装置，它允许噪声气流通过，但可以通过特殊的工艺降低噪声强度，在一些通风和排气的管道产生的噪声源位置，可以有效降噪。

目前的消声器有很多的类型，根据它们的作用原理分成六大类，即抗性消声器、阻性消声器、阻抗复合消声器、扩散消声器、微穿孔板消声器、小孔消声器和有源消声器（表 5-3-1）。

表 5-3-1　消声器种类及基本原理

消声器种类	消音基本原理
阻性消声器	利用多孔材料来降低噪声的，把吸声材料固定在气流通道内壁上，或使之按照一定的方式在管道中排列，就构成了阻性消声器
抗性消声器	抗性消声器与阻性消声器机制完全不同，它没有敷设吸声材料，而是利用管道截面的变化使声波反射、干涉而达到消声
阻抗复合消声器	将声吸收和声反射恰当地组合起来，同时有阻性消声器消除中、高频噪声和抗性消声器消除低、中频噪声的特性，有宽频带的消声效果

续表

消声器种类	消音基本原理
扩散消声器	是一种专门用来消除流速（或压力）极高的排气放空噪声的消声器，包括小孔喷注消声器和节流减压消声器
微穿孔板消声器	阻抗复合消声器的一种特殊形式，微穿孔板吸声结构本身就是一个既有阻性又有抗性的吸声元件，把它们进行适合的组合排列，就构成了微穿孔板消声器
小孔消声器	是一根直径与排气管直径相等、末端封闭的管子，管壁上钻有很多小孔，是降低气体排放时产生气流噪声的一种消声器
有源消声器	也称为电子消声器，它是一套仪器装置，主要由传声器、放大器、相移装置、功率放大器和扬声器等组成

1. 井下噪声与地面噪声有差别，主要体现在井下的工作空间过于狭窄，而且噪声到达后的反射面积过大，使得声波在井下的巷道表面反复地反射，可以形成重叠能量的混合声场，这样的结果是导致同样设备在矿井下的噪声明显高于井上。

2. 在降低井下噪声时要遵循以下原则：首先要降低对其最大的干扰噪声源，这是能够获得显著降噪效果的唯一方式；如果通过努力已经使最强的噪声源的响度明显比其他的噪声源低时，就没必要再付出更大的代价降低这个噪声源的响度，因这样并不能最大限度降低总的噪声量；如果噪声的来源是由多种响度比较接近的成分构成，要实现降低总的噪声量，就必须针对构成噪声的每一个主要部分都降噪处理；虽然我们只是采取了很有限的操作来降低噪声的级别，但对于处在复杂工作环境的矿工来说，对噪声的响度感觉仍然有非常显著的差异，这是因为降低了噪声就使得声功率明显

225

减少。

矿井环境的主要噪声源之一就是矿用局扇，它工作时候发出的噪声严重超出了我国行业规定的允许值。局扇的噪声绝大部分是由于风流旋涡、轮叶的持续旋转震动空气以及一些部件的机械振动引起。空气流进轮叶间，通过不断旋转涡流产生较大的噪声。风机旋转时，在每一个叶片正面和背面都形成压力差，这样的空气压力不断拍打叶片，就能发出巨大的声音。

相比机械噪声来说，空气动力噪声对噪声总量的贡献更为显著，所以要消减局扇的噪声，主要的措施就是要消除风机工作时产生的空气动力的噪声。这类噪声的强弱取决于风机的类型、大小、转速、空气流速等等，如果风机的尺寸过大或者过小、风机以较低的效率运转、风机每分钟转速太高等都可以明显增大噪声。

降低局扇噪声还可以通过消音装置实现。植物、玻璃纤维以及泡沫塑料等都可以用于矿山的局扇消音器，一些单位也尝试用微穿孔板材料来控制局扇噪声，就是让噪声的声波到达后在消音孔中反复撞击摩擦使得声波损耗为一部分热能而被散失，这类吸音装置能够起作用就取决于吸音材料的多孔特性。所以，吸音材料质地越疏松，吸音孔越多，各个孔之间连通顺畅，噪声的声波越能到达吸音材料内部，对噪声的吸收、转化、损耗也越多。

如果局扇被固定在一个位置运转，那么可以用隔音罩或者隔音小间等设备把局扇噪声控制住。但井下特殊的环境以及工作面的变动，使得局扇经常需要移动，这样就带来了很多的变化，使得防护噪声充满了不确定性。要达到消音的目的，需要移动风机，但是风机以及附属的消音器管路等是一个庞然大物，体积大又比较笨重，因此实际情况下矿井工人都是宁愿忍受着超高的噪声，也不愿去搬动消音设备，使得消音装置形同虚设。另外实际上井下巷道十分狭窄，消音机组动辄长达两三米确实也不好移动，限制了使用效果，所以未来需要我们研制出便携式的小、轻便以及拆装便捷的消音器。

另一个很重要的降噪环节就是通风管道。其实通风管道距离长，受到管道材质以及总长度的影响，其对总的噪声影响占有很重要的比例。通常在有风流通过时通风管道会产生明显振动，随着风速增加可能强度也增加。要降低这类噪声，可以用帆布等材料加在管道的连接点，或者用橡皮等有弹性和缓冲功能的材质制成软连接。也可把沥青、抹灰等均匀涂在金属材质的通风管道外面，以增加减振性能。还要选择合理的通风技术参数，确保风机的工作效率发挥到最大以及风流速度稳定，最大限度减少通风管壁各段的噪声辐射。

（四）个体防护

除了按照作业标准完善防护设施规章制度以及培训以外，企业还要为矿工发放防噪声的耳塞或耳罩并加强维护保养。工人进入噪声场所前必须检查耳塞或耳罩是否完好无损；按照正确的方式规范佩戴；使用前需要检查装置的密合性，在噪声工作区全程保持佩戴。如果离开工作区域抵达安全区后可以摘下耳罩和耳塞；为了保持耳塞的有效性，要按照说明书正确清洗耳塞耳罩。摘除耳塞时要用手缓慢旋转耳塞使其逐渐转出耳道，如果动作粗暴地拽出耳道可能会损坏装置。佩戴好后要仔细检查气密性。在进入噪声作业区域后，可以用双手掌覆盖双耳廓并且注意分辨周围的声音强度，几秒钟之后，手掌放开几秒钟对比周围的声强，如前后的声强变化不明显，证明耳塞的佩戴已经充分阻挡了噪声，双手掌对阻挡噪声的作用可以忽略不计，这个耳塞的装置密合性是良好的。反之，需调整佩戴方式，或者更换合适的耳塞。

（赵瑞峰　崔少波）

第四节 防高温

　　高硫矿井和热水型矿井的井下温度较高，而且一般的金属矿山开采过程井下的温度也可能会因开采深度的增加而逐渐增高，因此高温矿井的降温技术是金属矿山必须面对的技术难题。当前用于矿井的降温措施主要包括通风和机械制冷两种，因为低成本、简单有效的特点，通风降温是目前大多数矿井降温的首选。当然通风降温仅仅适合热害程度较低的矿井，对于难以通过通风有效降温的矿井，应该联合机械制冷的措施降温。根据区域范围的不同情况，机械制冷降温分为局部区域以及全矿井区域降温。

　　（一）目前国内外降温技术措施

　　目前国内外降温技术措施主流包括机械制冷和非机械制冷，机械制冷方式有冷风、冷水、冷冰，非机械制冷主要有增加风量、顶板管理、通风方式改善以及其他措施等（图5-4-1）。

　　（二）对于高温矿井的降温措施

　　1. **隔离热源**　在所有热害防治措施中，隔离热源是最重要、最根本和最经济的措施。具体措施有及时充填空区，对以热水为主要热源的高温矿井优先考虑疏干方法，降低水位等。

　　2. **加强通风**　加强通风主要目的是减少单位的风量温升或者提高局部的风流速，前者一般通过加大风量，而后者则采用空气引射器实现降温目的。

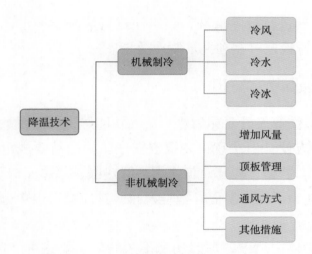

图 5-4-1　目前国内外降温技术措施

3. 用冷水或冰水对风流喷雾降温　用冷水或冰水对风流喷雾降温。该方法主要利用水的气化过程吸收周围环境热量而达到降温的目的，如硫铁矿采用冰块与 27℃ 的水混合，可以形成 10℃ 左右的冷水，在工作面进风风筒中对风流喷雾，可以使工作面入风温度平均下降 5℃，相对湿度由 40% 增至 50%。

此外可以加强作业环境的改善，改良或者更新设施防护高温，工艺过程进行最合理的设计，采取更有效的节能的操作方法。

（1）隔热措施最常用的就是水浴隔热方式。常用水箱、瀑布式水幕等；常用的隔热材料有石棉材料、矿炉渣以及泡沫材质砖等。

（2）通风降温措施：单独开通风道直接利用自然风通风，把工作环境改成敞开或半敞开式作业，安装风帽设备。通过风扇、岗位送风等机械化设备通风。

（3）安装降温专用空调、制冷剂等。确保制冷系统运行安全可靠，满足每一个工作面需要。空冷器，以及备用空冷器，覆盖井下采掘各工作面。利用日常检修和停产检修对地面制冷机进行轴承润滑，加油换油，包括润滑油脂的更换、清洗过滤器芯片，所有过滤器的滤网全部进行拆除清洗，集水池进行清洗、换水，保证水质，确保机组运行稳定可靠和井下制冷效果。

（三）加强个体防护

1. 高温作业人员要穿耐热、透气功能好、导热系数小的衣服，宽大，活动方便，但注意也要根据安全防护的需要规范穿戴手套、眼镜、面罩、护腿、鞋套、工作帽、防热服、隔热面罩等。

2. 不能为了防高温而穿拖鞋及露脚趾凉鞋，以免砸伤、压伤、撞伤等。

3. 因为体力所限，那些病愈不久的矿工要尽可能避免高温环境的作业。

4. 避免单个员工在高温下长久工作，如有则需定时巡查。

（四）采取必要的防高温组织措施和防高温监控措施

1. 有效的宣传教育，使矿工能够自觉按照规定安全高温作业。

2. 及时的高温预警措施，对于作业场所的高温要定期巡视异常情况，带班人要注意监测。

3. 体检监控措施，对于高温作业人员定期实施体检测量，比如至少每天两次。

4. 合理安排作业时间，比如叠包岗位轮休，避免在高温环境或者高温时段连续进行作业。

5. 合理安排降温休息地点；轮休员工如有条件可以离开岗位到清凉地点进行休息。

（五）防高温的相应保健措施

1. 配备防暑降温药品，且在消耗后及时补充。

2. 为高温作业人员及时足量提供清凉的饮料；高温环境保证

发放。

3. 保证饮水的足量供应，食堂提供防暑食品等。

4. 作业者应注意在上岗前保障充足的休息睡眠、合理搭配饮食营养、急慢性病要及时诊治，尽量避免长时间高温作业。

5. 医疗预防：对高温作业人员进行就业前和上岗前体检、调查，患有慢性心血管疾病、溃疡病、肺气肿、肝病、肾病等疾病的人员不宜高温岗位作业。

定期采用微信、qq 群及班前会等多种形式普及有关高温安全生产知识及高温防护和中暑急救宣传教育，增强一线职工的高温安全生产意识。增加对重点区域专项安全检查的频次；对大型设备轴承、电机等部位，若发现超过警戒温度，需立即采取降温措施，或架设风机降温，或拆盖以防患于未然；科学合理安排好员工作业的时间点，防因高温致中暑引发安全生产事故。避免发生因高温天气导致人身伤害以及设备异常事件。

（六）对于煤矿井下高温环境，还要做到以下内容

1. 定期测风，加强通风管理，科学计算风量合理分配，确保各用风地点供风量满足需求。加强巷道维护和日常检查，防止巷道失修或巷内物料堆放面积超过巷道 1/3 影响通风效果。

2. 任何人禁止随意变动矿井下的通风设施工作状态，除非通风部门人员在实地查看后根据工作需要进行调节，严禁把两道风门在同一时间敞开。一旦发现通风设施有损坏，要及时通报维修并追踪维修结果。

3. 井下的巷道水沟要逐一加盖板，如发现损坏和丢失要及时更换修复，避免或减少水沟内流水的散热以及水汽蒸发造成环境空气的温度和湿度增加。专人负责主要进风巷、调度线水沟盖板管理。地测人员测水后，应及时将盖板盖好。

4. 在处理高温环境点工作时要确保人员的防护，尽快完工或减少每次作业时间，按照规定要给予作业人员高温补贴。现场保证职工饮水，每人应配发水壶、毛巾、布鞋等用品，井下供水车保证及时供水。现场人员感到身体不适时，应减小劳动强度或暂时撤到机巷内休息，对因受高温影响而身体感到严重不适的职工，班组长安排专人护送升井检查。

5. 封闭井下泵房水仓，环境地面要留出融冰池，避免热量集中流入大巷道的进风流。使用冰融降温措施，把冰块放在铁风筒中，安装在巷风筒内，利用冰块融化吸热效应对风流降温，降低工作面的温度。还有局部降温措施如利用空冷机制冷，与局部通风机供风风流混合后，向工作面供给，解决工作面温度较高问题。当空气温度超过 30℃时，必须缩短超温地点作业人员的工作总时间以及强度，并给予高温保健待遇。保证采掘作业面空气温度不超过 26℃。在井口安装空气降温装置，及时降低入井的空气温度。当采掘工作面气温 >30℃、机电设备区域的气温 >34℃时须停止正常作业。

（崔少波　晋记龙）

第五节　防坠落

矿井环境地形复杂、光线受限、工作装备负荷大等自热因素，使得矿井坠落事故频发，危害矿工生命。

（一）矿工在洞口坠落的原因和常用预防措施

常见的坠落原因见于在洞口由于操作不慎失去平衡摔落、行走时被地面障碍物绊倒坠落洞口、矿工在洞口边缘短暂坐躺姿势休息时靠落到洞口；部分矿工在洞口旁打闹失足坠落洞口等，当然还有部分洞口缺乏足够的防护设施，或有防护栏但设施不合格、损坏未及时检修、缺乏醒目的防坠落警示标识等。

洞口坠落的主要预防措施

（1）在井下洞口、通道及电梯井口等必须有坚固有效的防坠落设施，比如坚固的盖板、高度适宜的围栏、结实的安全网罩等。

（2）作业人员不在井下洞口嬉闹，不冒险跨越洞口同行，不站立到盖板上。

（3）在洞口附近的任何操作要尽可能面对而不要背向洞口。

（4）洞口的安全防坠落设施发生损坏，要及时上报并追踪维修结果。

（5）严禁任何人不经允许擅自挪动或拆除洞口的安全防护设施、警示标识。

（6）电梯井等洞口位置要安装坚固的护栏或者有固定的棚门。

（二）作业人员脚手架坠落原因和常用预防措施

常见于作业人员走动时脚下踩空跌落、各种转身弯腰时不慎碰到周围物体导致失去平衡、作业人员坐或站在栏杆架、高空作业，在脚手架上打闹、休息，注意力分散，脚下的脚手板有缺失或不稳、防护栏杆没能安装或没有固定好，护栏损坏、脚手架超负荷损坏、脚手架上被加垫砖块重心不稳等。

预防脚手架上坠落措施

（1）对每一个脚手架执行验收和定期安全监督核查。

（2）对每一位上脚手架操作的矿工必须进行规范的培训、纪律及警示教育。

（3）脚手板要确保铺设平稳，整齐，不能出现多出一块的"探头脚手板"。

（4）要把防护栏杆固定好。可以使用竹篱笆，拉足够坚固的安全立网。

（5）脚手架层数一般不超过 3 层。

（三）悬空高处的矿井作业坠落原因及防范

常见坠落原因是因为立足面过于狭小，身体难以保持平衡，或者作业时发力过猛重心偏移、重心超出站立区域、各种原因导致脚底湿滑、磕绊打滑、失误踩空、不小心和身边牵挂或背负的重物一起坠落、身体健康原因伤病等行动不稳、没有系安全带、移动时擅自取下安全带、安全带的固定挂钩脱落等。

针对悬空高处作业坠落的预防措施

（1）协调各个施工单位、各个工种人员的统一协作，充分发挥脚手架等防护设施的作用，尽量避免和减少不必要的悬空高空作业。

（2）高处作业人员要合理操作，避免发力过猛后的身体失衡。

（3）凡登高作业者要穿防滑工作鞋。

（4）登高作业前要评估身体状况，疾病或疲劳过度状态、情绪不稳者不进行高空作业。

（5）悬空高处作业者必须经过正规的安全带使用培训。

（四）踩坏建筑物表面坠落

常见原因有：未规范使用板梯、操作人员没正确使用安全带、操作人员作业移动直接踩破建筑物表面比如石棉瓦等。

主要的预防措施

（1）高空作业要规范使用板梯。

（2）高空操作时每一次移动都要谨慎小心，不在石棉瓦等轻型材料上直接站立踩踏。

（3）作业人员必须牢系安全带才能升到高空环境。

（4）在任何轻质材料组装的简易屋面下，作为第二道保护措施要安装弹力防护网。

（五）拆除工作中坠落（表 5-5-1）

表 5-5-1　拆除工作中坠落常见原因及预防措施

常见原因	预防措施
拆除工作时所站立的位置存在晃动	从事拆除工作人员应站在稳定牢固部位或搁设脚手板
站立的表面本身不是稳定的平面，部件上面有油污、水渍等湿滑	选择相对稳定、坚固的站立面，穿防滑工作鞋
在拆除脚手架、井架等工作时没系好安全带	拆除脚手架、井架时，操作者应按规范正确系好安全带
拆除工作之前没有设置好临时安全网	拆除井架、龙门架应按规定栓好临时钢丝缆风绳
人员和身边物体牵绊并且随重物坠落	作业或者移动时注意保持身边无牵挂及重物缠绕
操作者发力不当、过猛，身体失去重心	从事拆除工作人员须严格按照规程安全操作，操作时避免发力过猛，身体失衡
周围堆放了过多超重的拆除后杂物没有及时清理，造成站立面过负荷被压断	楼板、脚手架上不要堆放大量拆降下来的材料，避免超载作业

（六）登高过程中坠落

常见于没有完善的安全登高防坠落设施或者有设施但是质量差、损坏，缺乏定期安全核查登高设施制度，对作业人员使用的电梯缺乏保险设施、作业人员擅自攀爬脚手架和井架等高空设施、作业人员私自乘坐货运电梯设备等。

主要预防措施

（1）高处作业场所必须设置足够安全的登高设施。

（2）作业人员乘用的电梯必须具备安全保护装置，并且能够有效运行。

（3）严禁任何人员攀爬脚手架以及私自乘坐货运非载人的电梯设施。

（七）梯子上的作业坠落

常见于使用损坏了的梯子、梯子长期超重使用导致超载断裂、梯子与地面接触的下脚没有防滑设施、使用时梯子滑倒、在梯子脚下增加砖头等垫高使用、梯子顶部没有靠稳、梯子的倾斜角度过大或者过小受力不当、梯子的人字架的两片之间缺乏可靠的绳链固定、在梯子上用力及作业不当、部分人员为了省事站在梯子上利用手攀爬旁边借力移动梯子等。

主要的预防坠落措施

（1）任何人在使用任何梯子登高作业前，都必须进行彻底的安全检查包括梯子的质量、承重力、安全绳等。

（2）不允许两个人登到同一个梯子进行高空作业，梯子上也不能悬挂重物。人站立在梯子上时，不得利用上肢攀附周围建筑来移动梯子。

（3）在梯子上登高作业时，避免两脚同时平立在同一挡，而要使得其中一只脚适当保持勾挂梯档状态保持重心平衡。

（4）梯脚落地处要确保平稳，要注意防滑。人字梯的两部分的下端要使用坚固的绳索或铁链等固定拉牢确保梯子不解体。

（5）不能在梯子下面垫高后使用，保证梯子的稳定性。梯子上部要靠在坚固的墙面或建筑物，最好有专人扶稳梯子再登高作业。

（八）高处检修作业坠落

常见于检修环境的光线昏暗、视线不良、操作环境简陋没有脚手板、为了省事沿建筑物边缘移动时不慎踩空、操作员身体不适导致操作时不慎坠落等。

主要的预防措施

（1）要由专职的电工或水电工从事检修工作，开始高处检修作业时必须保证足够的视野和照明。高空作业时必须铺好脚手板，另外正确使用安全带作业。

（2）高空检修作业前要评估身体状况，对于高血压未能控制好、有精神疾病或情绪不稳定、饮酒状态、身体过度劳累等要坚决制止高空作业。

（九）坠落保护系统：高空作业正确使用安全带

高空坠落的最后一道防线就是安全带，要确保作业人员正确使用须注意以下：

1. 腰带式、三点式的绳索在坠落时对人体都是不安全的。只有全身式的安全带才能大幅度减少坠落瞬间身体所受的巨大冲击力，通过安全带分散受力作用，使得全身而不是身体某一局部遭受暴力牵拉，从而保护身体。同时分散受力对于安全带本身也是一种保护。

2. 在坠落瞬间，减震包和缓冲式安全带能极大地减少身体下坠产生的强大冲击力。

3. 安全带应高挂低用。安全带挂的位置要比人所处被保护的位置高，这样一旦发生坠落，安全带拉住人员减少坠落冲击距离，甚至避免坠落，否则由于人员开始坠落后形成重力加速可能超过安全带的承受力而绷断或者暴力牵拉使人员受伤。

经历过一次坠落保护的安全带由于强度损坏应该废弃不再使用。

坠落保护系统在使用前应进行详细的外观检查，出现裂缝、变形、磨损等情况要更换，要能够正确使用操作。极限工作条件下可能需要增加检查频次。

坠落抑制装置（限制人员移动范围，坠落距离可大于0.6m，不带减震包的安全带）：移动平台上、移动设备维修、屋顶或高处邻边作业、矿山边坡作业等。

4. 坠落阻止装置（坠落距离更大，带减震包的安全带） 坠落安全距离最少大于5m，坠落时人员不会被四周建筑机构或物体撞击的作业地点（图5-5-1）。

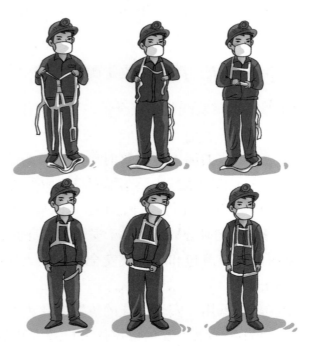

图 5-5-1　坠落抑制装置穿戴方法

（崔少波　王正）

第六节　防水灾

　　矿井水害的水源来自大气降水（雨、雪）、地表水、含水层水、断层水以及旧巷或采空区积水等。大气降水可能从地表低洼地通过塌陷区裂隙或井口灌入井巷，造成灾害。地表水就是湖、河、塘、沟及水库积水。含水层水比如沙砾层含水、石灰岩溶洞水，通过裂隙、断层等通道进入井巷。断层破碎带常大量积水威胁更大。旧巷及采空区积水静水压大且常含有害气体，易造成人身事故。矿山采掘过程各个环节难免直接、间接破坏地质含水层，导致地下水大量涌入矿坑，所以矿坑充水在所难免。但是也要尽量减少矿坑的涌水量，特别是短期内积水过快，避免水灾，这也是矿井能够正常生产必须保证的。矿井下防水就是为此而采取的技术措施。根据不同的矿床水文条件以及采掘要求的不同，井下的防水措施也不尽相同。常见的有超前探放水、留设防水矿柱、构建防水设施以及注浆堵水等。

（一）超前探放水

　　超前探放水是在水文地质状况比较复杂的地段作业时，预先在坑内钻探以明确工作面前方的水情，为了消除水灾隐患和保障安全提前采取的防水策略。"有疑必探，先探后掘"是矿山采掘作业中始终要坚持的原则。通常在工作面遇到下列情况时都要超前探水：

　　（1）掘进面靠近老窑、老的采空区、流沙层、暗河以及淹没井等位置。

（2）巷道接近以及要穿过强含水层。

（3）接近孤立、悬挂的地下水体预测区。

（4）在掘进工作面出现水雾、冒"汗"、滴、喷水、听到水响等出水征兆。

（5）巷道接近还没有固结的尾砂充填采空区、封闭不良或未封闭的导水钻孔。

（二）留设防水矿柱

（1）矿体埋藏在地表水体及松散的孔隙含水层下，使用其他的防治水灾措施成本过高。为了作业安全留设防水矿柱，从而保障矿体的裂隙不会波及地表水体或上面覆盖的含水层。

（2）矿体上覆盖了强含水层时，必须留设足够安全距离的防水矿柱，避免因采矿破坏而引起的突水。

（3）因地壳断层作用使得矿体与强含水层密切接触时，要留设防水矿柱，防止地下水溃入井巷。

（4）如果矿体与导水断层密切接触时，要留设防水矿柱，阻止地下水流沿着断层涌入井巷。

（5）当矿井遇到底板突破危险时要留设防水矿柱，以防井巷突水。

（6）如工作面邻近积水老窖以及淹没井要留设防水矿柱，阻隔周围的水源突入作业的井巷。

（三）构筑水闸门和水墙

构筑水闸门和水墙是为预防突水淹井、将水害控制在一定范围内而构筑的特殊闸门（墙），是重要的井下堵截水的措施。水闸门（墙）分为临时性的和永久性的两种。为保证水闸门（墙）起到堵截涌水的作用，其构筑位置的选择要注意以下方面：

（1）水闸门（墙）要筑在井下重要设施通道以及能对水害控制的位置，限制水害范围。

（2）水闸门（墙）应安置在完整稳定以及致密坚硬的岩石中。当难以避开松软裂隙岩石时，应采取措施使闸体与围岩构成坚实的整体，避免漏水、变形移位。

（3）水闸门（墙）所在的位置要不受相邻部位和下部阶段采掘作业影响，以保持其稳定性、隔水性。

（4）水闸门要尽可能构筑在单轨巷道内，减少其基础掘进的工程量，尽量缩小水闸门的尺寸及占地面积（图 5-6-1）。

图 5-6-1 洪水到来时逃生图

（四）矿坑排水

注浆堵水是将注浆材料（水泥、水玻璃、化学材料以及粘土、砂、砾石）等制成浆液，压入矿井下预定的位置，使其扩张固结、硬化，从而起到堵水截流、加固岩层、消除水患的作用，是防治矿井水害的有效手段。国内外广泛应用于井筒开凿及成井后的注浆、截源堵水、减少矿坑涌水量、封堵充水通道恢复被淹矿井或采区、保障井巷穿越含水层等。

注浆堵水在矿山生产中的应用方法有如下几种：

（1）井筒注浆堵水。为了顺利通过含水层，或者成井后防治井壁漏水，可采用注浆堵水方法。包括井筒地面预注浆、井筒工作面预注浆、井筒井壁注浆几种方式。

（2）巷道注浆。井下巷道如果需穿越含水层时，可以同时进行探放水操作兼顾巷道掘进，可以把探放水的孔道兼用于注浆孔。

（3）注浆升压，控制矿坑涌水量。当矿体有稳定的隔水顶底板存在时，可用注浆封堵井下突水点，并埋没孔口管。安装闸阀的方法，将地下水封闭在含水层中。含水层水压升高，接近顶底板隔水层抗水压的临界值时可开阀放水降压。当需要减少矿井涌水量时关闭闸阀，升压蓄水，使大量地下水被封闭在含水层中降低矿井排水量。

（4）恢复被淹矿井。当矿井采区被淹没后，注浆堵水复井生产是行之有效的措施。注浆效果好坏的关键在于找准矿井或采区突水通道位置和水源。根据 GB 16423—2006《金属非金属矿山安全规程》第 6.6.4.1 条规定："井下主要排水设备，至少应由同类型的三台泵组成；工作水泵应能在 20h 内排出一昼夜的正常涌水量；除检修泵外，其他水泵应能在 20h 内排出一昼夜的最大涌水量。井筒内应装设两条相同的排水管，其中一条工作，一条备用。"

（5）井下防水灾必须有合格的排水设施。排水系统的排水能力不足视为重大安全事故隐患，包括以下情形：①排水泵的数量不足3 台；②水泵的排水能力没有达到设计要求；③井筒排水管路不足2 条；④井筒的排水能力没达到设计要求；⑤矿井口的标高低于当地历史上最高洪水位置的 1m。

矿井的水文地质类型各异，对达到中等、复杂级别的矿井必须要有防治水机构，负责收集矿井及周边水文地质数据、实地调查水文地质、因地制宜地制定防治水策略、定期严格核查相关设施运转情况等。负责探放水的安全员要具备丰富的矿井防治水经验，必须按照相关规章进行探放水作业，矿井要装备完善的探放水钻机等专用设备，不得使用一般的电钻凿岩设施代替专用设备放水作业。

根据《金属非金属矿山安全规程》规定，凡是矿井作业接近水体以及作业环境有可能与水体有联系，就要坚持不探水不开采，对于可能的水灾隐患不放过任何疑点，如果违反防水原则采掘作业，就是矿山的重大安全隐患。遇到汛期以及局地的强降水季节，地表水位上涨明显可能引发倒灌淹没矿井，这时必须停产，人员全部撤离，防止发生严重的人员伤亡事故。

（崔少波　孔令文）

第七节　防触电

矿井作业环境有大量的电气原件线路，触电风险高。当意外触电后，电流经过人体放电造成不同程度的人身伤害直至死亡。触电后对人体的伤害主要是电击和电伤。电击是电流在人体内产生很强效应，通过发热、化学生理效应等伤害身体器官；而电伤就是电流引起人体的创伤，包括烧灼伤、电烙损害皮肤毁容，电流过大可以直接导致休克、心跳呼吸骤停死亡。后期抢救不及时或虽然经过积极救治可能植物状态或残疾、遗留严重的后遗症等。事故的发生往往是不按规定穿戴防护用具、非电气专业人员在作业场所擅自操作电气设施、无视规章擅自拉电闸，作业前不预先验电、电气设施没有正确安装接地线、电器周围没有悬挂张贴醒目的警示标识等。井下的电气设备不能及时得到检修，有故障的电气设备带病运转等违章操作，当然高压线头落到地面后没有被及时发现而形成跨步电压，这时附近的经过人员也可能触电。

要做到矿井的电击伤防护，原则上要注意矿井下禁止电气设备线路在不断电的情况下接受检修、移动。要警惕瓦斯的检查，作业巷道的瓦斯浓度在 <1% 时才可以用和电压匹配的验电笔检查；当检验后确认无电再放电操作。所有的电气开关在调整到闭锁状态时，都要能绝对阻止自动送电，并在电气设施旁悬挂"有人工作，禁止送电"等警示标识，只授权给执行该项任务的专业电气人员可以根据规程取牌开启送电。井下操作人员禁止靠近和接触任何带电的导体（图 5-7-1）。

图 5-7-1　正确使用保护装置

具体防护措施

（1）必须树立严格执行电气操作规章的安全理念。要按照规程和标准进行电气设备的设计、制造、安装和检验。

（2）电气设备作业全程都要有保证安全的系列措施，比如工作许可、工作票、工作监护等制度。所有设备断、送电时要提前办理工作票，停、验电、装设接地线等操作时要设置防护遮栏并且悬挂醒目的有电警示标识。

（3）定期进行电气设施维护，非专业电气人员禁止拆动电气设备，所有电器安装合格的漏电保护装置。

（4）电气作业人员必须通过正规的培训考试，具备相应资质后才能上岗。

（5）任何人在从事电气作业时，首先要按照防触电的标准穿戴工作服和护具。

（6）落实电气设施的绝缘保护，确保电气设施外表绝缘状态不会被破坏导致漏电。

表 5-7-1 为各种作业场所的安全电压等级：

表 5-7-1 各种作业场所的安全电压等级

作业场地	电压等级 /V
一般施工现场	220
行灯	36
危险场所	36
无触电保护措施的移动性照明	36
顶管内作业	36
工作面窄场所	12
特别潮湿场所	12
金属容器内	12

作业现场的电箱要达到标准级别的电闸箱，具备防雨防潮防漏电功能。要根据系统要求对所有的电气设备做保护接零、保护接

地。所有的电气操作要经过严格培训合格的专职电气人员进行管理、拆卸安装、移动等。

对新调入作业场所的电气设施，都要先安全测试后才能安装使用。专职电工对现场电气每个月要对电气设施巡查不少于 1 次，每个月还要全面检查所有用电系统以及漏电保护装置。配电箱的位置要保持干燥通风，周围禁止堆放任何导电物品以及杂物以免妨碍操作。安装和使用配电箱时要坚持"一机一闸、一箱一漏"，禁止同时操作两台以上的电气设施，避免错误操作后引发安全事故。所有的配电箱表面要用醒目的标识注明其名称、用途、分路情况。为防止箱门被擅自打开需要配锁，如果需要停止作业超过 1 小时就必须断电关箱上锁。在潮湿环境的照明电源电压不能超过安全限，电气设备铺设要确保绝缘，任何作业场所都不能让电线断头拖在地上。如果线路的外表皮破裂或者发生老化裸露，则不再使用并及时完成更新。在使用移动式的电气设施时，要穿戴绝缘性能达标的防护用品。专业电工要跟随有电气设施相关的作业。

除了加强对电工的操作管理以及规章完善外，还要大力宣传安全用电常识。各级用电部门除宣传，要利用一切可利用的机会、场所，结合以往发生的事故案例进行反思教育，定期进行安全用电教育，现场发现立即解决。大力表彰在作业安全用电中成绩突出的班组和个人，以点带面，构筑防范事故的长堤。建立施工现场用电巡视记录。大力提高电工的素质，指导操作人员学习掌握必要的电气知识。防止人体靠近接触带电的任何导体，带电设备必须有隔离和屏蔽保护措施，并有醒目的警示标识。

井下电网要装设可靠运行的漏电保护并能使用，任何电气装备的金属外壳要有符合要求的保护接地。这两项保护是在触电事故发生时，从根本上降低人体触电危险性的有效措施，提高机电设备的绝缘性能。对频繁接触的电气设备要按要求采用 127V 及以下的低电压供电，最大限度降低触电对人身体的危害。避免手持电钻、照明设备等控制电路、按钮等。

　　绝缘安全护具也要规范使用。在有些情形下，如果作业者手持电动器具，就必须戴好绝缘护具，甚至要站到绝缘材料上进行操作，这些绝缘安全用具使人与地面，或使人与工具的金属外壳隔离开来，是简便可行的安全防护措施。要有专人负责保管绝缘安全用具，并且按规定要定期进行电压测试，一旦发现不合格，就不再是安全用具，也就不能再使用。目前常用的绝缘安全用具包括绝缘台、绝缘手套、鞋等。基本类型的绝缘安全用具能够长时间承受来自作业电气设施的工作电压，可与电气设施的带电部位直接接触。辅助类型的安全用具的承压强度要低一个等级，它的绝缘强度不能承受常规的工作电压，只是基本型安全用具的辅助，不能单独使用，要二者一并使用才能保证安全。此外对于低压的带电设施，绝缘手套、鞋和绝缘垫也可承受基本安全用具的工作电压，但在高压时只能用于辅助绝缘安全用具。

（崔少波　李凤琴）

第八节　防病原生物

　　矿井环境各异，许多处于较为潮湿状态，利于细菌、病毒等微生物滋生，易出现细菌性痢疾、霉菌等，还有大量病虫卵。遇到矿山突发事故如塌方、透水、爆炸等，在狭小、密闭的灾难环境中，以及地面的矿工及救灾队伍人群密集度较大，救灾中受伤的情况也比较多，井下、各个通道、房屋、以及帐篷中可能藏匿大量的细菌、病毒、寄生虫等致病微生物。这些因素会引发各种传染病的流行，比如细菌性痢疾、霍乱、钩端螺旋体病、鼠疫、伤寒、流行性出血热、流感等，极大威胁着矿工及救灾人员的生命健康，造成次生灾害。

目前对矿山突发事故的各种防护中，往往对病原生物危害的防护重视不够，也缺乏共识指南的建议。但矿山事故的防护，一切措施的目标就是最大限度地保障人身安全。首先要以人为本，而人体是生活在自然环境中，暴露在生物及肉眼不能看见的微生物面前，当我们免疫力低下，以及受到灾害环境的影响，这些致病的生物危害就可能是致命的。在提高对病原生物的防护前，我们需要了解这些看不见的"敌人"。

细菌性痢疾、伤寒是由志贺杆菌、伤寒沙门菌引起的肠道传染病，可以引起腹痛、拉肚子，甚至便血等，而且可以通过粪便在人与人之间传播。当人们集中避难时往往没有独立卫生的厕所，尤其是在矿井下狭窄的、缺乏光照的空间，这样脏乱的环境，人员无法疏散躲避，更有利于粪便里的志贺杆菌在人们中间的传播。

霍乱是由霍乱弧菌导致的肠道传染疾病，症状是呕吐、腹泻、浑身疼痛，严重的脱水甚至休克。在发生矿难时，缺乏干净水源，可能导致霍乱弧菌污染水源，大家喝了或者使用这样的水后就有可能感染霍乱。钩端螺旋体病是由钩端螺旋体感染引起的全身感染性疾病，表现为全身疼痛、无力、高热。它的传染源是鼠和猪，矿灾时大家难免会接触鼠类的粪便或者被其污染后的食物、水，所以要特别重视，防患于未然。流行性出血热也以鼠类为重要的传染源，它的病原体是汉坦病毒，感染后会出现发热、出血、休克甚至肾损伤，无尿；在人群密集的地方，可以通过粪口、蚊虫、呼吸道甚至气溶胶传播，暴发特别迅速，而且危害巨大。还有流感，它的传染性很强，是流感病毒导致的急性呼吸道传染疾病，和普通感冒一样通过接触和飞沫传播。感染后出现发热、头疼、流涕、咳嗽等症状。介绍了以上几种矿灾中容易暴发流行的传染病，那我们如何应对这些危险呢？

首先，洗手是最简单的防护措施。

在地面人员聚集的环境，饭前便后、用手碰触食物之前都要洗手，这是预防肠道传染病简单有效的方法。当然在矿井狭小的空间甚至是相对密闭的空间，也无法获得足够的光照，周围的环境没有干净的水源，我们自己携带的饮用水要首先保证维持生命所需的饮用。注意不要在水井、水源地和溪河边大小便，井下被困人员如果有条件，可以利用周围的土、碎石等将大小便覆盖。其次要注意饮食卫生，尽量喝开过的水、吃熟食，不吃生冷、变质食物，而且饮用的水要经过严格的消毒。此外我们要保持生活环境的卫生，消灭聚集的苍蝇、蚊虫、蟑螂和老鼠等，更要清除焚毁死亡牲畜的尸体，并且及时清理垃圾使其远离人群聚集的环境。有条件的通过接种传染病疫苗可预防感染。

矿灾发生时，人员躲避空间环境差，救灾设备相对简陋，人鼠之间接触机会多而使感染机会增多。携带大量病毒的鼠类排泄物、分泌物等被搅起以及悬浮在空气中，可以形成气溶胶，人经呼吸道吸入或皮肤黏膜直接接触后感染，或者被鼠咬伤，皮肤破损处接触了鼠的血液和排泄物也可能感染，因此要做好卫生及自我防护工作，保证人群聚集休息场所无鼠；妥善保管食物以防被鼠污染；当清扫有鼠类的尿、粪污染处时，做好防护，尽量戴橡胶或塑料材质的手套，并且戴口罩，防止被鼠污染的物质附着到清洁人员皮肤通过粪口传播。另外可以通过各种捕鼠工具做好防鼠灭鼠的措施，避免人工捣动鼠窝。

每年的 7～9 月是炭疽病的高发季节，矿灾后也是动物炭疽疫情暴发的高危因素，受灾后局部地区可能出现炭疽疫情暴发。要预防炭疽，最重要的就是不去碰触病死的动物，当发现牛、羊等家畜突然死亡，不能宰杀食用，要立即报告农业畜牧部门处理。如果发现有人出现炭疽的症状，立即上报并及时就医。防蚊虫，可以用蚊香或杀虫剂浸泡蚊帐。提倡穿着长袖衣裤，有条件的可以在暴露的皮肤部位喷涂驱蚊虫剂、减少蚊虫叮咬传播疾病（图5-8-1）。

图 5-8-1　环境消杀

另外经过培训的卫生防疫人员要第一时间对环境评估、有效消杀，检测环境安全，切断矿灾后的环境生物危害传播，有条件的给人员提供疫苗保护以及临时安置点内高危人群的应急预防接种。灾害后人员居住环境有大量的积水及垃圾污物，致使蚊、蝇、鼠大量孳生、密度急增，同时增加了与人们的接触，易造成病媒传染病及肠道传染病的发生。消毒剂可以用过氧乙酸、二氧化氯、84消毒液、漂白粉等。灭鼠、杀虫药剂可以用抗凝血型灭鼠剂。灭蚊、蝇、蟑螂可用，包括乳油剂、悬浮剂、乳化剂等剂型的杀虫剂，超低容量喷雾剂滞留喷洒剂，杀虫气雾剂。相关器械有超低容量喷雾器、常量喷雾器，包括车载式、手推式、背负式、手提式；鼠夹、粘鼠板、捕蝇笼、粘蟑纸、粘蝇条、灭蚊（蝇）灯、捕蝇笼、滑石粉、自控电脑诱蚊灯。

个人防护用品包括防护服、口罩、帽子、胶靴、护目镜、手套、急救药品、洗手液、消毒湿巾等。通过以上控制病媒生物的措施，切断其传播途径，防止或降低病媒传染病的发生及暴发流行。对于环境的处理，可以利用泥土、石块等废弃物填平沟渠、水坑、洼地，消除蚊虫孳生场所。环境中遗留的暂时不能清除的沟、渠水体要尽快疏通流动减少蚊虫孳生。对小型容器，如瓶瓶罐罐、纸盒、轮胎、各类废弃的积水容器等予以彻底清除和破坏。倒净或打碎小型坛坛罐罐，积水器。对无法清除的水体和容器，采用长效杀虫剂喷洒水体，杀灭水中的蚊幼。还要注意从各方迁移来的不同鼠种，由于栖息地及隐蔽地的限制造成鼠类活动规律紊乱，侵入人居场所的频率增加。采用鼠笼、鼠夹和粘鼠板等器具物理方法灭鼠既安全又有效，是灾民安置点室内和灾棚内灭鼠的常用方法。禁止在灾区采用拉电网或使用电子猫灭鼠，以防人、畜触电伤亡。禁用氟乙酰胺、毒鼠强等烈性杀鼠剂，以免人群接触。

（崔少波　赵瑞峰　李海学）

第九节　主动学习相关知识

除了前面介绍的各种矿山突发事故防护技术以外，矿山由于复杂性和特殊性，牵涉到的相关知识众多，我们还应该主动学习矿山突发事故相关的法律法规（国家法律、行政法规、矿山综合性法规、行业规定条例等）、矿山事故隐患判定等相关知识，学习矿山的相关物理、地理、化学、急救医学、逃生技能等，使得自己面对突发事故时能够更从容，防范到位，减少人身伤害和国家财产损失。

《金属非金属矿山重大生产安全事故隐患判定标准（试行）》于2017年9月1日印发。主要内容包括：安全出口不能达到国家标准、采用了国家禁用的设备、工艺和材料；相邻的矿山之间贯通井巷，露天矿擅自转为地下采掘，地表层和矿井深层贯通；地表水系直接穿过作业矿区，未按设计要求进行防治水工作；当井口的标高低于当地历史最高洪峰水位1m却没有采取防水措施；中等、复杂水文地质条件的矿井没有专门的防治水机构、没有正规的探放水人员和专用的探放水设施；矿山有自燃危险，但是未按照国家标准、行业标准进行防火防范；在水害高危区域和可疑区域开矿却没有预先探放水；在强降水季节或上游汛期，矿井有被地表水倒灌风险却不停产转移矿工；擅自采掘保安矿柱等。

对于非煤矿山中毒窒息事故应急知识，中毒窒息事故是非煤矿山企业易发的主要事故之一。从事故致灾因素上可分为中毒和窒息事故。中毒与窒息往往同时发生，互为条件，如果施救不当就会造成伤亡扩大，掌握正确的自救与救援知识，才能最大限度地减少伤亡损失。中毒窒息事故类型，从我国非煤矿山中毒窒息事故发生的原因统计上看，主要有三种：炮烟中毒，通风不良，进入废弃巷道。

遇到上述情况，矿工开展自救必知

（1）从事井下作业人员进入采掘工作面之前，必须检测有毒有害气体浓度，出现报警严禁进入。所有入井人员必须携带识别卡或具备定位功能的相关装置，实现对入井人数及其分布情况实时监控。

（2）未经许可不得进入封闭已久的矿井、巷道、采场、溜井、采空区等区域。需要到上述区域查看情况时，应指定 1 名矿工负责井口值守，并首先由 1 名矿工正确佩戴呼吸器携带气体检测仪进入危险区域，检测空气质量正常后，其他矿工可进入。

（3）有入井、入硐或入采空区检查人员未归时，井口留守人员应先通知采区调度室，并对失踪人员进行定位，个人不能贸然进入危险区探查和施救，严禁无防护井下施救，救护人员需佩戴正压氧呼吸器入井救援（图 5-9-1）。

图 5-9-1 救护人员佩戴正压氧呼吸器入井救援

（4）接到人员遇险通知后，矿山应立即定位事故区域和事发人员，组织井下受威胁人员按避灾路线撤出地面，调整和控制事故现场风流，采取措施输送新鲜空气，稀释和消除有害气体。

（5）下井抢救人员必须经救援指挥部批准，以专业救护队员为主，正确佩戴呼吸器、携带便携式气体检测仪；下井前，要详细了解现场情况，要有应急预案和逃生路线；救护队员对矿井情况不熟悉的应有向导陪同。

（6）施救人员要佩戴防毒面具，并有 2 个以上的人监护才能下井施救。所有救援地点都要安排专人检测气体成分、风向和温度等，保证救援人员安全。

（7）独头采掘工作面和通风不良的采场必须安装局部通风机，严禁使用非矿用局部通风机，严禁无风、微风、循环风冒险作业。

（8）当遇到有毒烟雾时，应立即戴上自救器并选择安全避灾路线撤离；如果自救器失去功能，而巷道内有压风自救系统，则立即打开压风阀门，维持自主呼吸，或将衣物、毛巾捂住口鼻进行撤离。井下未携带防护用品属于违规行为。

（9）如无法撤离，应进入紧急避险设施并按照紧急避险设施的操作过程进行自救；禁止私自设置或破坏通风构筑物。

随着信息技术飞速发展，VR 独有的沉浸感，为煤矿安全演练提供了一个新的方向。交互式、游戏式体验，让矿工在没有实质损害前提下，深入体验各种矿山灾难，从中得到的震撼警醒以及经验教训是多少次培训学习答题说教等无法比拟的。

（崔少波　赵瑞峰　李海学）

第六章

典型事故案例分析与防范

第一节　瓦斯爆炸事故

"11·18"重大瓦斯爆炸事故分析

（一）事故简介及过程

2019 年 11 月 18 日 13：07 左右，山西平遥峰岩煤焦集团二亩沟煤业有限公司（以下简称"二亩沟煤业"）发生一起瓦斯爆炸事故，造成 15 人死亡，9 人受伤（其中 1 人重伤），直接经济损失 2 183.41 万元。

事故发生经过：2019 年 11 月 18 日早 6 时至 7 时，高档普采队召开班前会，对当班工作进行安排。高档普采队负责 9102 高档普采工作面和煤柱回收面采煤，当班共 35 人，分为机采和炮采两个小组。炮采组在煤柱回收面作业，机采组在 9102 高档普采工作面作业。当班炮采组领取了雷管和炸药入井（爆破工因身体不适当班没有下井，也未履行请假手续）。上午瓦斯检查工人检测了瓦斯浓度，中午 12：00 左右离开；安全检查工人在 11 时检测煤柱回收面，随后离开；当班带班矿领导 9 时左右到达煤柱回采区，12：00 左右离开；13：07，炮采组工人（无爆破工特种作业人员证件）在未执行"一炮三检"和"三人连锁爆破"制度 1 的情况下违章爆破。爆破产生的明火引爆了 9103 工作面采空区（9103 高档普采工作面于 2019 年 5 月开始回采，9 月底回采结束）涌入煤柱回收面的瓦斯，发生瓦斯爆炸。

（二）事故分析

1. **危险源**　瓦斯爆炸发生的必要条件有三个，分别是一定范围的瓦斯浓度（4%～16%）、高温火源和足够的氧气。在此次瓦斯爆炸事故中，虽然当班瓦斯检查工人上午 10 时左右检查了 9102 回采工作面的瓦斯浓度，但是对于 9103 工作面的瓦斯浓度并未提及。因此，在本次事故中，瓦斯浓度是未知的。至于瓦斯来源，也是 9103 工作面的高浓度瓦斯涌入 9102 回采工作面。但是具体瓦斯浓度在本次事故中是不清楚的。一般来讲，瓦斯爆炸的浓度为 4%～16%，但是由于起爆能量以及周围环境条件的不同，瓦斯爆炸的浓度范围是可变的。因此，瓦斯浓度要控制在远远低于起爆浓度。

高温火源来自于爆破产生的能量，而足够的氧气则来自局部通风机来源的空气。

2. **瓦斯爆炸事故的防护**　事故防护有集团公司层面的防护和矿工本人防护两个方面。集团层面的防护通风系统，主运输系统、人员运送系统、防灭火系统和安全避险"六大系统"——安全监控系统、人员位置监测系统、压风自救系统、供水施救系统、通信联络系统和紧急避险系统。但是在本次事故中，事故发生工作面采取的是局部通风机通风的做法，通风不畅，这和《煤矿安全规程》中的通风要求：采煤工作面应当实行独立通风，严禁在 2 个采煤工作面之间串联通风相违背，属于集团层面防护失职。目前对矿工个人防护，尚没有很好的防护工具。

3. 瓦斯事故后自救及互救 在本次事故中，当班全矿共入井105人，其中35人在事故区域作业。事故发生后，81人自行升井，24人被困。事故发生后，最有效和快捷的救护方式是自救和互救。在本次事故发生的工作面，此时自救和互救应该成为矿工的主要救治方式。在自救和互救的过程中，要注意按照平时接受的训练进行紧急的转运。

在本次事故中，工人郭雷刚在距离爆炸点一百余米，爆炸发生时，他看到工友的脚被类似液压管的物品套住了，他弯腰帮忙拆开，因此被烧伤。这就是典型的矿工之间的互救。

4. 应急上报及救援 事故发生后，带班矿领导立即启动应急救援系统，逐级上报并采取救援措施（图6-1-1）。

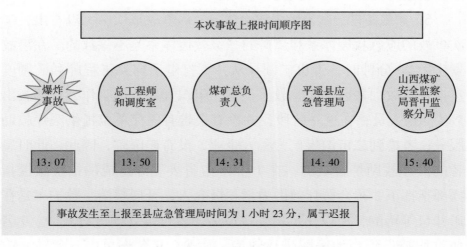

图6-1-1 瓦斯爆炸事故上报时间顺序图

13：50，带班矿领导从井下打电话向总工程师和矿调度室报告事故。并立即通知所有矿领导、科室人员到矿调度室集中，

启动应急救援预案，组织开展救援工作，先期救出 5 名受伤人员。

14：31，总工程师电话汇报煤矿负责人。

14：40，煤矿负责人电话汇报平遥县应急管理局。

15：40，平遥县应急管理局电话汇报山西煤矿安全监察局晋中监察分局。

平遥县应急管理局和晋中煤监分局接到报告后，按规定逐级上报事故情况。事故发生后，国家煤矿安全监察局副局长宋元明、山西省委常委、副省长胡玉亭及山西煤矿安全监察局、山西省应急管理厅、晋中市人民政府、平遥县委、县政府相关负责人第一时间赶赴二亩沟煤业，成立了由山西省委常委、副省长胡玉亭任总指挥的抢险救援指挥部，全力展开抢险救援。经全力搜救，至 18 日 19：55，又救出 4 名受伤人员。至 19 日凌晨 2：30，15 名遇难人员全部被运送出井，抢险救援工作结束。

5. **患者院前急救及院内救治情况**　从事故报道中可以看出，本次事故的应急救援体系和煤矿的三级救援体系是不一致的。在事故发生后 40 分钟时，带班矿领导从井下打电话向总工程师和矿调度室报告事故，并启动应急救援预案，组织开展救援工作，先期救出 5 名受伤人员；在这一阶段，并没有报告有医疗单位提供医疗救助服务，考虑到二亩沟煤矿为私人企业，没有矿医院，因此，此时患者的医疗救助是暂缺的；在 15：40 由省委领导组成的抢险救援指挥部指挥下，社会医疗救助力量积极介入，开展救治。救护车是在矿井口等待的，所以伤员出井口以后，就可以立即进行救治。9 名伤员均被送到当地医院进行救治。后来，9 名伤员中 6 名转入山西医科大学附属太钢总医院烧伤科进行救治。本次救治流程见图 6-1-2。

这次事故也告诉我们，在出现重大事故的应急救援中，应该

图 6-1-2　伤员救治流程

积极协调社会医疗救助力量，早期介入救治。考虑到事故发生的突然性，当地医疗资源能否满足救治需求也是指挥部需要考虑的问题。

医疗急救车均在矿井口待命，在伤员出井口后进行迅速救治。

患者伤情主要为烧伤、肺爆震伤和吸入性损伤，烧伤面积从5% 到 16% 不等，吸入性损伤和肺爆震伤较严重，治疗主要采用肺部保护策略，对吸入性损伤及肺爆震伤相关指标的观察，烧伤创面的处理，以及全身情况的维护等。

在本次事故中，应急救援均以抢救矿工生命为第一要务，响应及时，分工明确，处置科学，措施得当。虽然应急救援及时，但本次事故造成了 15 人死亡，9 人受伤，事故直接造成经济损失2 183.41 万元，人员伤亡及经济损伤都非常严重。

虽然事故已经过去，但是应警钟长鸣。时刻关注自身及周围的危险因素与安全隐患，按照工作流程和安全操作规程规范操作，防患于未然，将危险因素消灭在萌芽之中，未雨绸缪，才可能保证每位矿工的平安。

（涂学亮　田林强）

第二节　金矿冒顶事故

"9·8"重大冒顶事故

2009年9月8日晚7时许，温州通业建设工程有限公司一分公司驻河南省灵宝市金源矿业有限责任公司五分公司王家峪矿区项目部，对1532巷道进行日常维修支护时突然发生冒顶片帮事故，造成冒落岩石约120m³，使巷道电缆短路，引发电缆、支护坑木着火，产生大量有毒有害浓烟气体，同时冒顶岩石也把回风路线隔断，致使通风短路，共造成13名职工中毒窒息死亡，其中当班操作工死亡6人，随后下井实施救援人员死亡7人，1人重伤，直接经济损失约300余万元。

（一）事故发生经过和抢险救援情况

2009年9月5日，温州通业建设工程有限公司驻金源矿业樊岔项目部施工队队长李某某在井下1532巷道作业中发现二级斜井入口9m往下有长约12m的顶板有冒顶危险。

9月7日，施工队队长李某某再次到1532巷道二级斜井入口处，发现运输巷道原用坑木支护的破碎顶板出现较大变化，多处出现断梁折柱。9月8日在白班的班前会中，队长李某某在班前会安排当班生产工作时，其中就安排维修支护人员入井维修巷道，要求必须用工字钢替换断裂的木支护，但没有按照操作规程制定巷道支护维修专项安全措施。9时后，当班下井人员先后入井。出渣工李某某、冀某某、罗某某等三人入井清理运输巷道；当班值班队长尤某某和支护工许某某等5人在12：00下井维修巷道道轨；把钩工梅某、陈某，卷扬机司机徐某某等三人于18：20进入巷道工作。至此当班共在井下生产人员12人。当日19：00左右，1532坑口配电线路保护跳闸断电，坑口的值班室照明灯熄灭。20：00左右，在巷道一级斜井平台工作的把钩工梅某感觉身体不适、头晕，看到巷道内烟雾很大，随即梅某某就晕倒在地。在301巷道400m处进行拆卸废旧钢管工作的陈某某、尤某某此时刚好赶来，发现梅某晕倒在地，赶紧把梅某抬到巷道主巷内，徐某某迅速用电话与项目部办公室值班田某某联系，通知井下有人发生晕倒，叫人赶快下井救人。田某某前往项目部职工宿舍，对不上班人员颜某某说井下有人被烟熏晕了，赶紧叫几个人下井救援。20：10，田某某立即返回项目部办公室向项目部经理兼作业队队长李某某打电话报告井下发生事故情况。接着，赶到项目部办公室的作业队副队长颜某某、李某某赶紧安排吴某、李某、严某某、彭某某等4人入井救人。当施救人员李某4人到达一级斜井150m处的时候，发现尤某某正在往出爬，当李某4人在抢救尤某某时感到浑身发软，全身乏力，便停止救援，各自向外爬，施救人员李某某爬到安全硐内晕倒，其他3名施救人员晕倒在一级斜井内。王家峪矿区副主任王某某得知项目部有关人员入井施救情况后，便带领兼职安全员王某某入井参与救援，不料进入一级斜井后也先后晕倒。当班上班人员冀某某、李某某在1532巷道一级斜井大平台下100m处清理巷道时，清到40多米处，感到呼吸十分困难、伴随着空气味道不对就及时往安全出口撤退，20：50安全出硐。当班在301拆除管道晕倒的施工人员陈某某，在发现有危险时撤到一级斜井大平台失去知觉晕倒的梅某某、徐某某，经后续及时施救出硐。罗某某在井下停电时升井出硐。上述 6 人在经过不懈的自救和救援及时脱离危险，获得重生。金源矿业第五分公司经理助理郝某某于当日 21：00 接到项目部经理李某某电话，说井下 1532 巷道有烟雾，在 21：30 及时赶到坑口，第一时间与井下取得联系，了解井下当时情况，21：45 向分公司经理叶某某电话报告大概情况。叶某某第一时间向金源矿业有限责任公司报告当时现场情况。郝某某又与井下一级斜井大平台联系，根据实际情况，果断要求不要让人入井盲目施救，并安排巴某某、韩某某组织人员到 1350 中段绕道由二级斜井下部向上部塌方处施救，但因巷道内烟雾太大，环境恶劣，无法施救。22：40 分公司经理叶某某向灵宝市消防大队报警求援。接到事故报告后，三门峡市和灵宝市政府及其安全监管部门、黄金管理局、公安局等部门的负责同志带领有关人员也都及时赶赴现场。灵宝市消防大队于 9 日 3：00 左右、三门峡市矿山救护大队于 9 日 8：35 也赶到事故现场，与事故发生单位积极进行抢险救护。经入井施救，将躲避在避险安全硐室的李某某成功救出；消防大队和矿山救护队于 9 日 12：24，将遇难的 13 具尸体运出事故巷道外。

（二）事故原因

1. 事故直接原因 巷道维修作业人员在维修加固 1532 巷道二级斜井施工中，巷道发生冒顶，砸断生产供电电缆，造成井下电缆短路事故发生，引发电缆胶皮着火，进而引发坑木着火，产生大量有毒有害气体，同时冒顶塌落石块造成回风路堵塞，通风短路，导致人员吸入有毒有害气体，中毒窒息死亡，是事故发生的直接原因。在事故发生后，采掘施工单位组织不力，缺乏应急救援基本知识，盲目施救，导致事故进一步扩大，也是造成事故的直接原因，最终造成 13 人死亡的重大事故。

2. 事故间接原因

（1）温州通业建设工程有限公司第一分公司樊岔项目部对生产中发现的事故隐患，治理整改不及时，没有组织制定完善的检修施工方案，现场维修专项安全管理和应急措施执行不到位，是造成这起事故的主要原因。

（2）温州通业建设工程有限公司第一分公司安全生产教育培训流于形式，培训不到位，施工人员和现场安全生产管理人员缺乏生产安全知识，安全现场应急处置自救能力差。事故发生后，在没有专兼职应急救援人员，不具备应急救援技能，没有专业应急救援器材的情况下，非专业人员盲目入井施救，也是造成这起事故扩大的主要原因。

（3）灵宝市金源矿业有限责任公司及其下属第五分公司，对采掘施工单位安全生产监督和管理不到位，监督检查不力，没有组织和督导采掘施工单位及时整改1532巷道存在的重大事故隐患；没有对老旧巷道破碎情况及其支护状况作出科学判断和预测；现场管理人员缺乏安全防护知识和应急救援技能，对采掘施工单位盲目组织施救应对不力，是造成这起事故的重要原因。

（4）安全生产监督部门，对事故发生单位落实安全生产法律法规和有关事故隐患排查治理等规定，包括对职工安全知识和救援技能培训情况监督检查不到位，也是事故发生的原因之一。

（5）安全管理相关部门，对矿山安全生产重视不够，组织开展矿山安全监督检查工作不够扎实，应急组织建设不适应矿山安全生产工作需要，也是事故发生的原因之一。

（三）事故性质

经调查认定，灵宝市金源矿业有限责任公司王家峪矿区"9·8"重大冒顶事故是一起责任事故。

（四）安全管理存在的问题

1. 安全意识淡薄，事故发生后，在没有应急救援技能和专业应急救援器材的情况下，盲目施救。在实际生产中的自救互救过程中需要面对的安全事故隐患类型较多，操作人员及现场安全管理人员缺乏安全意识，在没有经过岗前安全知识、技能操作培训下直接上岗，导致违规上岗作业，而出现安全问题。

2. 施工环境恶劣，受到施工场地的限制，施工现场混乱，导致可能对现场交通产生影响。在救援时难以有效利用自身的空间顺利开展救援。

3. 在突如其来的事故面前缺少心理准备和承受能力，惊慌失措，导致反射性行为而发生伤害事故。

4. 救援过程中集体利益和个人利益，私人感情和亲情统一起来，义务感驱使救援人员无条件地完成任务，是自己义不容辞的责任，进而三违现象发生，导致事故进一步扩大。

（五）自救互救基本原则的重要性

安全事故中的自救和互救是延续生命的重要环节，学会一定的自救互救知识是必不可少的。不论在任何时候，沉着冷静的自救意识往往能让人在各种绝境中绝处逢生。"9·8"矿难事故，与矿工不懂安全知识，盲目施救造成事故扩大是分不开的。现在规定下井人员必须配备隔绝式自救器，如发生意外情况先进行自救，在保证自身安全前提下进行必要的互救。

1. 如遇到施工巷道发生事故，施工人员要沉着冷静，根据现场情况，选择就近通信电话报警，报告发生事故情况，立即有组织地沿应急救援避灾撤离路线指示标志撤到安全地点，有重伤人员时，要将受伤人员移到安全地带。撤出灾区后，要立即向值班领导或调度室报告，请求矿山救护队救援。如果发生火灾事故的，要阻止未佩用专业救援设备的人员进入灾区，防止事故扩大。

2. 当事故造成第一避灾路线堵塞破坏时，遇险人员可从第二安全出口逃生，若当时情况不允许撤出危险环境时，可进入设置的紧急避难硐室，做好安全防护，维持生命等待外部救援。

3. 如发生火灾事故，造成浓烟大火封堵巷道，无法通过或不清楚事故地点，应立即佩戴好自救器，就近报警，有组织地沿应急救援避灾撤离路线撤到安全地点待救。

因此，我们在安全事故中掌握自救互救的方法是非常必要的。及时有效的现场救护是减少伤亡的重要一环，一旦出现事故，有人员受到伤害，根据现场情况，及时进行自救互救；判断周围环境是否安全或立即将受伤人员移离现场，进行临时的现场急救处理，一直到有专业人员到场后转送专业医院，自救互救结束。

众所周知在 2010 年 3 月 28 日发生的王家岭煤矿透水事故，经历漫长的八天八夜后，被困井下的 115 名矿工在大家不断地努力营救和自救下，获救创造了中国煤矿救援史上的奇迹。大量事实和案例证明，事故发生时，井下矿工如果能够及时采取正确的避灾、自救、互救措施，完全可以最大限度地减少矿山财产损失和人员伤亡。因此，掌握事故发生的规律，了解事故发生的预兆，采取正确的避灾、自救、互救措施对于避免安全生产事故的发生，有效正确地控制事故的扩大，最大限度减少事故造成的不必要的意外人身伤亡和财产损失具有重要意义。

（涂学亮　李建波　张亮）

参考文献

[1] 李斌 . 煤炭行业职业危害分析与控制技术 [M]. 北京：冶金工业出版社，2005.

[2] 郭晓奎 . 病原生物学 [M]. 北京：科学出版社，2007.

[3] 李明远，徐志凯 . 医学微生物学 [M]. 北京：人民卫生出版社，2015：163-175.

[4] 孙贵范 . 职业卫生与职业医学 [M].8 版 . 北京：人民卫生出版社，2012.

[5] 余善法 . 职业紧张评价与控制 [M]. 北京：人民卫生出版社，2018.

[6] MICHAEL G LENNÉ，PAUL M SALMON，CHARLES C LIU，et al.A systems approach to accident causation in mining：an application of the HFACS method[J].Accid. Anal. Prev，2012，48：111-117.

[7] PETER ZHANG，BERK TULU，MORGAN SEARS，et al.Geotechnical considerations for concurrent pillar recovery in close-distance multiple seams[J]. International journal of mining science and technology，2018，28（1）：21-27.

[8] YANG M，LI Z，ZHAO Y，et al. Outcome and risk factors associated with extent of central nervous system injury due to exertional heat stroke. Medicine[J]，2017，96（44）：e8417.

[9] HOMCE GT，CAWLEY J .Electrical injuries in the US mining industry，2000-2009[J].Trans Soc Min Metall Explor Inc，2013，34：367-375.

[10] 白俊清，李树峰 . 瓦斯爆炸伤害学 [M]. 北京：北京大学医学出版社，2011.

[11] 国家安全生产监督管理总局，国家煤矿安全监察局 . 煤矿安全规程 2016[M]. 北京：煤炭工业出版社，2016.

[12] 王德明. 矿井火灾学 [M]. 徐州：中国矿业大学出版社，2008.

[13] 王志坚，矿山救护队员 [M]. 北京：煤炭工业出版社，2007.

[14] 沈洪，刘中民，急诊与灾难医学 [M]. 北京：人民卫生出版社，2019.

[15] 冯刚，刘怀清，易明杰. 矿山现场自救互救手册 [M]. 北京：人民卫生出版社，2013.

[16] 岳茂兴，梁华平，李奇林，等. 批量复合伤伤员卫生应急救援处置原则与抢救程序专家共识 [J]. 中华卫生应急电子杂志，2018，4（1）1-9.